河南省水资源（2011—2020）

河南省水利厅　河南省水文水资源测报中心　编

吴　奕　主编

黄河水利出版社

·郑州·

图书在版编目（CIP）数据

河南省水资源：2011—2020/河南省水利厅，河南省水文水资源测报中心编；吴奕主编.—郑州：黄河水利出版社，2023.8

ISBN 978-7-5509-3719-2

Ⅰ.①河…　Ⅱ.①河…②河…③吴…　Ⅲ.①水资源–资源调查–河南–2011–2020②水资源–资源评价–河南–2011–2020　Ⅳ.①TV211.1

中国国家版本馆 CIP 数据核字（2023）第 161631 号

策划编辑：张倩　　电话：13837183135　　E-mail：995858488@qq.com

责任编辑	文云霞	责任校对	王单飞
封面设计	李思璇	责任监制	常红昕

出版发行　黄河水利出版社

　　　　　地址：河南省郑州市顺河路 49 号　邮政编码：450003

　　　　　网址：www.yrcp.com　E-mail：hhslcbs@126.com

　　　　　发行部电话：0371-66020550

承印单位　河南瑞之光印刷股份有限公司

开　　本　787 mm×1 092 mm　1/16

印　　张　11　　　　　　　　　插　页　6

字　　数　272 千字

版次印次　2023 年 8 月第 1 版　　2023 年 8 月第 1 次印刷

定　　价　78.00 元

《河南省水资源(2011—2020)》
编委会

主 编 吴 奕

副 主 编 (排名不分先后)

杨明华 吴湘婷 张红卫 李 洋 宋金喜

参编人员 (排名不分先后)

肖 航	燕 青	夏沁园	魏 鸿	彭 博
李贺丽	徐 菲	包文亭	王 闯	赵清虎
李东俊	赵文举	李洋(女)	高东格	潘凤伟
王 宁	张东霞	李莎莎	常肖杰	平利昆
张青艳	朱晓璞	周政辉	杨丝雨	刘守东
张 坤	余玉敏	李 爽	孙园园	黄素琴
闫明丽	连 蔚	高 源	金 玲	梁 良
余畅畅	申方凡	刘 立		

前 言

  水资源公报是政府面向社会发布当年水资源情势及其开发利用状况的重要途径。每年向社会各界公告当年水资源情势及其开发、利用、节约和保护状况,准确反映有关重要水事活动,引起各级政府对水资源的关注,提高全民的节水、惜水和保护意识,是编发水资源公报的主要宗旨。水资源公报所提供的信息,是各级政府涉水决策和有关部门水资源管理工作的重要依据;所积累的资料,是编制各级水资源综合规划和水中长期供求规划、开展水资源调查评价的基础。水资源公报的发布对于区域水资源的合理开发、节约利用、有效保护、优化配置、改善环境、制定法规、强化管理等方面都具有重要作用。河南省水资源公报编发近 30 年来,受到了社会各界的高度评价。

  年度水资源公报的主要内容包括综述、水资源量、蓄水动态、供用水量、水体水质(自2019 年起,不再编发水体水质相关内容)、水资源管理等部分。

  为进一步发挥河南省水资源公报成果在实际工作中的应用,方便各级领导、专家、科研技术人员等进一步了解近年来全省水资源数量、质量、供用水量、用水指标等状况,河南省水文水资源测报中心对 2011—2020 年度河南省水资源公报相关成果资料进行了整理、汇总、编辑,形成了《河南省水资源(2011—2020)》。

  本书可供水利工作者、专家、学者参考使用。

作 者

2023 年 7 月

编写说明

1.《河南省水资源(2011—2020)》(简称本书)中内容来源于当年河南省水资源公报,是当年各类设施监测、统计、分析的结果。

2.本书按照当年河南省行政分区和流域分区情况统计、分析、展示当年数据[年降水量等值线图底图统一采用最新河南省行政区划图,审图号:豫S(2021年)017号]。

3.本书中多年平均值采用1956—2000年系列平均值。

4.本书数据与当年河南省水资源公报保持一致,部分数据合计数由于精度不同而产生的计算误差,未做调整。

5.本书涉及定义如下:

(1)地表水资源量:指河流、湖泊、冰川等地表水体逐年更新的动态水量,即当地天然河川径流量。

(2)地下水资源量:指地下饱和含水层逐年更新的动态水量,即降水和地表水入渗对地下水的补给量。

(3)水资源总量:指当地降水形成的地表和地下产水总量,即地表径流量与降水入渗补给地下水量之和。

(4)供水量:指各种水源提供的包括输水损失在内的水量之和,分地表水源、地下水源和其他(非常规)水源。地表水源供水量指地表水工程的取水量,按蓄水工程、引水工程、提水工程、调水工程四种形式统计,其中调水工程仅统计跨水资源一级区调水且在本年度利用的水量;地下水源供水量指水井工程的开采量,按浅层淡水和深层承压水分别统计;其他(非常规)水源指经处理后可以利用或在一定条件下可以直接利用的再生水、集蓄雨水、淡化海水、微咸水和矿坑(井)水等。直接利用的海水另行统计,不计入供水量中。

(5)用水量:指各类河道外用水户取用的包括输水损失在内的毛水量之和。按生活用水、工业用水、农业用水和人工生态环境补水四大类用户统计,不包括水力发电、航运等河道内用水量。

(6)用水消耗量:指在输水、用水过程中,通过蒸腾蒸发、土壤吸收、产品吸附、居民和牲畜饮用等多种途径消耗掉,而不能回归到地表水体和地下含水层的水量,简称耗水量。

(7)耗水率:指用水消耗量占用水量的百分比。

(8)人均综合用水量:指常住人口人均年综合利用的新水量,为年用水总量(单位:m³)与常住人口的比值。

(9)万元GDP用水量:指平均每生产一万元生产总值利用的新水量,为用水总量与国内生产总值(当年价,单位:万元)的比值。

(10)万元工业增加值用水量:指平均每生产一万元工业增加值利用的新水量,为工业用水量(单位:m³)与工业增加值(当年价,单位:万元)的比值。

(11)农田灌溉亩均用水量:指灌溉用水量(单位:m³)与实灌面积(单位:亩)的比值。

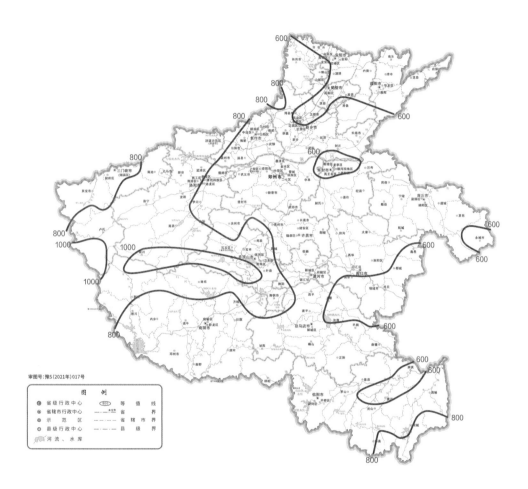

审图号:豫S(2021年)017号

图 例

省级行政中心   等 值 线
省辖市行政中心   省   界
示 范 区   省 辖 市 界
县级行政中心   县 级 界
河流、水库

河南省 2011 年降水量等值线图   单位:mm

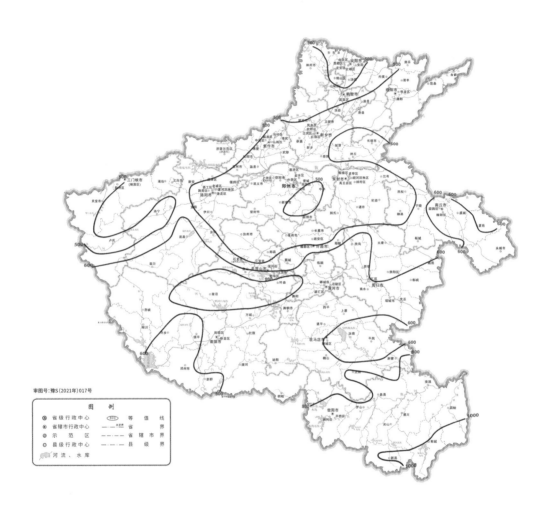

河南省 2012 年降水量等值线图 单位：mm

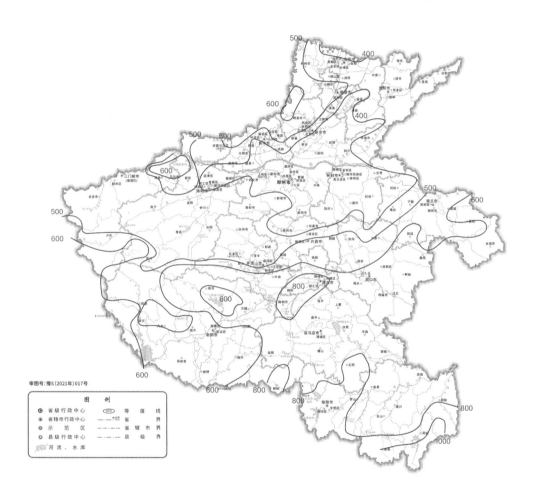

河南省 2013 年降水量等值线图　单位:mm

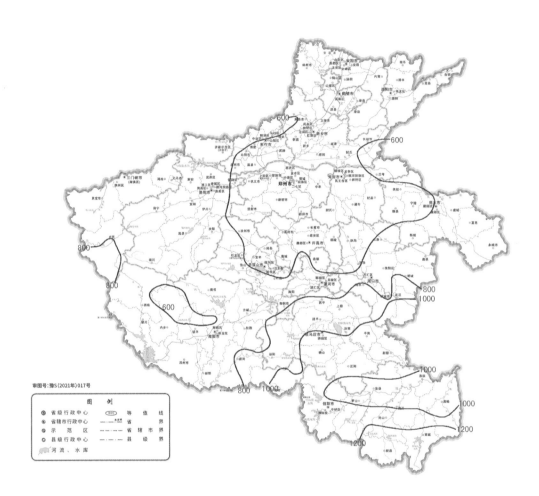

河南省 2014 年降水量等值线图   单位:mm

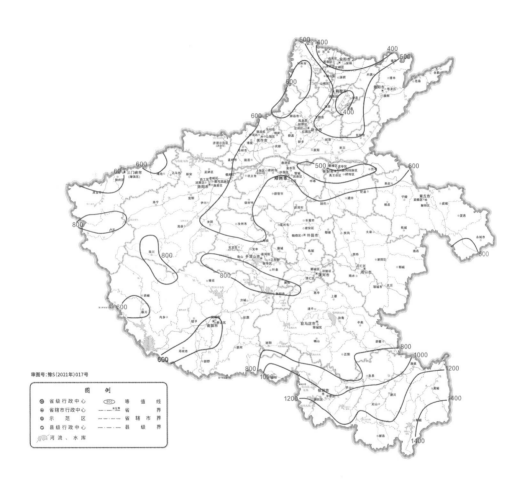

河南省 2015 年降水量等值线图　单位:mm

审图号:豫S(2021年)017号

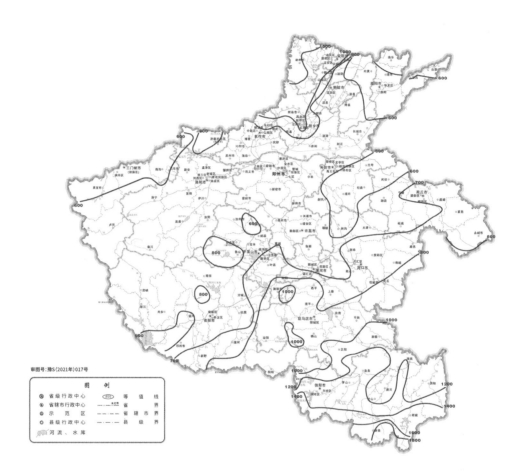

審图号：豫S(2021年)017号

河南省 2016 年降水量等值线图　单位：mm

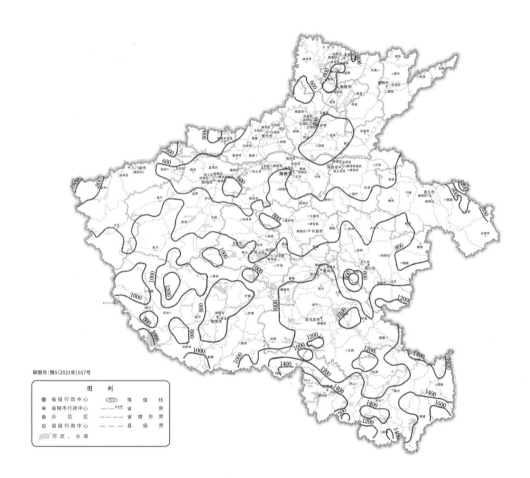

图　例

省级行政中心 　　等　值　线
省辖市行政中心 　　　 省　界
示　范　区 　　省　辖　市　界
县级行政中心 　　　 县　级　界
河流、水库

河南省 2017 年降水量等值线图　单位:mm

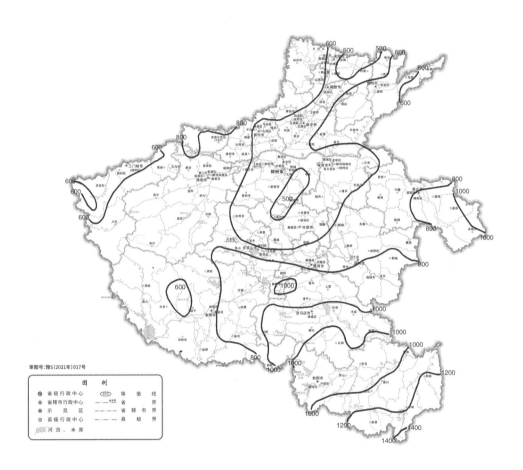

审图号:豫S(2021年)017号

河南省 2018 年降水量等值线图　单位:mm

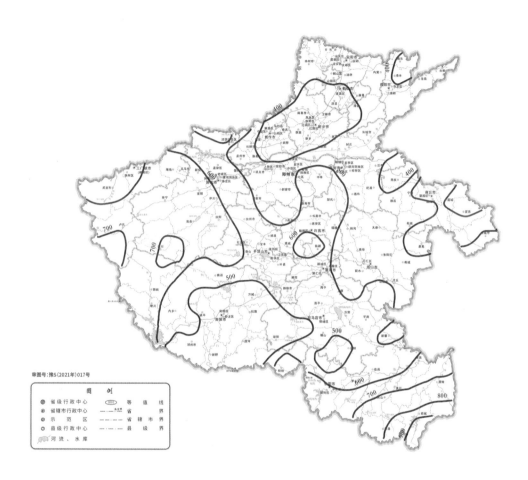

审图号:豫S(2021年)017号

图 例

符号	说明	符号	说明
◎	省级行政中心	101	等 值 线
◉	省辖市行政中心	—·—	省 界
◉	示 范 区	—··—	省 辖 市 界
◎	县级行政中心	—···—	县 级 界
🌊	河 流、水 库		

河南省 2019 年降水量等值线图　单位:mm

审图号:豫S(2021年)017号

河南省 2020 年降水量等值线图　单位:mm

目　录

第一章　2011 年河南省水资源公报

2011 年全省平均降水量 736.2 mm,折合降水总量 1 218.602 亿 m³,较上年减少12.5%,较多年均值减少 4.6%,省辖海河、黄河、淮河、长江流域降水量分别为 630.9 mm、792.1 mm、715.3 mm 和 786.6 mm,与多年均值相比,海河、黄河流域有所增加,增幅分别为 3.4%、25.1%;淮河、长江流域有所减少,减幅分别为 15.1%、4.3%。本年度属平水年份稍偏枯。

2011 年全省地表水资源量 222.5 亿 m³,折合径流深 134.4 mm,比多年均值 304.0 亿m³ 偏少 26.8%,比上年度偏少 46.9%。全省地下水资源量为 191.80 亿 m³,地下水资源模数为 11.6 万 m³/km²,比多年均值减少 2.1%,比上年减少 10.6%。全省水资源总量为327.94 亿 m³,比多年均值偏少 18.7%,比上年减少 38.7%,平均产水模数 19.8 万m³/km²,产水系数 0.27。

2011 年末全省 22 座大型水库和 104 座中型水库蓄水总量 57.43 亿 m³,比上年末增加 4.52 亿 m³。其中大型水库年末蓄水量 46.29 亿 m³,比上年末增加 3.26 亿 m³;中型水库 11.14 亿 m³,比上年末增加 1.26 亿 m³。

2011 年末全省平原区浅层地下水位与上年末相比略有下降,平均降幅 0.18 m,相应地下水储存量与上年相比减少 5.7 亿 m³,全省平原区浅层地下水漏斗区总面积为 7 346km²,约占平原总面积的 8.7%,比上年减少 150 km²。

2011 年全省总供水量为 229.04 亿 m³,比上年增加 4.43 亿 m³。其中地表水源供水96.86 亿 m³,占总供水量的 42.3%,比上年增加 8.26 亿 m³;地下水源供水 131.30 亿 m³,占总供水量的 57.3%,比上年减少 3.84 亿 m³;集雨及其他水源工程供水 0.88 亿 m³,占总供水量的 0.4%。在地表水开发利用中,引用入过境水量为 35.50 亿 m³(包括引黄河干流水量 34.22 亿 m³),其中流域间相互调水 20.63 亿 m³。在地下水利用量中,开采浅层地下水 120.27 亿 m³,中深层地下水 11.03 亿 m³。

2011 年全省总用水量为 229.04 亿 m³。其中,农、林、渔业用水 124.61 亿 m³(农田灌溉 114.52 亿 m³),占 54.4%;工业用水 56.81 亿 m³,占 24.8%;城乡生活、环境综合用水47.62 亿 m³(城镇生活、环境综合用水 29.36 亿 m³),占 20.8%。全省用水消耗总量130.42 亿 m³,占总用水量的 56.9%,其中农、林、渔业用水消耗量占 66.2%;工业用水消耗量占 10.3%;城乡生活、环境用水消耗量占 23.5%。

2011 年全省人均用水量为 237 m³,万元 GDP 用水量为 64 m³,农田灌溉亩均用水量为 164 m³,吨粮用水量约 148 m³,万元工业增加值(当年价)取水量(含火电)为 39 m³,工业用水定额较上年有所减小,人均生活用水量,城镇综合(含城市环境用水)每人每日为206 L,农村(含牲畜用水)为 83 L。

2011 年对全省 14 个水系、129 条主要河流、482 个水质站进行了水质监测和评价,评价河流长度 10 896.8 km。全年期综合评价结果:全省水质达到和优于Ⅲ类、符合饮用水源区水质要求的河长 4 133.4 km,占评价总河长的 37.9%;达到Ⅳ类、Ⅴ类标准的河长分别为 1 994.3 km、1 051.9 km,分别占 18.3%和 9.7%;遭受严重污染,水质劣Ⅴ类,失去供水功能的河长 3 717.2 km,占总控制河长的 34.1%。

主要污染项目为氨氮、高锰酸盐指数、化学需氧量、五日生化需氧量等。全省主要河流的水资源质量与 2010 年相比变化不大。其中,达到和优于Ⅲ类标准,符合饮用水源区水质要求的河长比例减少 0.3%;劣Ⅴ类,失去供水功能的河长比例减少 0.7%。

对全省 35 座大中型水库水质进行监测,其中 25 座水库水质符合地表水饮用水源区水质要求,占评价水库总数的 71.4%,不符合地表水饮用水源区水质要求的水库有 10 座。

对全省 209 眼地下水监测井进行水质评价,其中 58 眼地下水质达到Ⅲ类标准,占总监测井数的 27.7%;67 眼达到Ⅳ类标准,占 32.1%;84 眼达到Ⅴ类标准,占 40.2%。地下水超标项目主要为氨氮、亚硝酸盐氮、总硬度、氟化物、硫酸盐等。

2011 年全省共评价地表水功能区 359 个,74 个水功能区达标,达标率为 20.6%;评价河长 9 994.9 km,达标河长 2 131.3 km,达标率 21.3%;评价水库蓄水量 46.02 亿 m³,达标蓄水量为 32.66 亿 m³,达标率 71.0%。

第一节　水资源量

一、降水量

2011 年全省平均降水量 736.2 mm,折合降水总量 1 218.602 亿 m³,较上年减少 12.5%,较多年均值(1956—2000 年)减少 4.6%,属平水年份稍偏枯。省辖四大流域海河、黄河、淮河、长江流域降水量分别为 630.9 mm、792.1 mm、715.3 mm 和 786.6 mm,与多年均值相比,海河流域和黄河流域有所增加,增加幅度分别为 3.4%、25.1%;淮河流域和长江流域有所减少,减少幅度分别为 15.1%、4.3%。省辖四大流域与上年相比,黄河流域增加 11.8%;其余三流域均有所减少,长江流域减幅最大达 25.5%,淮河流域、海河流域减幅分别为 17.1%、3.0%。

全省 18 个省辖市降水量与多年均值比较,有 10 个市出现不同程度的增加,焦作、济源、洛阳、三门峡市增幅超过 20%,分别达 38.8%、33.7%、29.5%、26.1%,郑州、平顶山市增幅在 10%~20%,分别为 17.3%、10.0%,新乡、濮阳、许昌、安阳市增幅在 10%以下;其他 8 个市均有所减少,豫南信阳、驻马店市减幅超过 20%,分别达 35.1%、27.2%;周口市减幅为 17.4%,漯河、南阳、鹤壁、商丘、开封市减幅分别为 7.7%、5.1%、2.9%、2.3%、0.4%。与 2010 年比较,全省 18 个省辖市中仅有 5 市降水量有所增加,其中济源、焦作两市增幅近 50%,分别达 48.4%、47.5%,三门峡、郑州、洛阳市增幅分别为 17.1%、15.2%、6.0%;其余 13 市均有不同程度的减少,信阳、南阳两市减幅超过 20%,分别达 34.6%、26.2%,驻马店市、濮阳市、鹤壁市、周口市、漯河市、平顶山市 6 市减幅在 10%~20%,减幅分别为 17.5%、17.3%、16.6%、16.4%、14.7%、13.9%,新乡市、许昌市、开封市、安阳市及商丘市 5 市减幅在 10%以下。2011 年河南省流域分区、行政分区降水量详见表 1-1,与上年及多年均值比较情况见图 1-1 及图 1-2。

表 1-1　2011 年河南省行政、流域分区水资源量表

分区名称	降水量/mm	地表水资源量/亿 m³	地下水资源量/亿 m³	地表水与地下水资源重复量/亿 m³	水资源总量/亿 m³	产水系数
郑州市	733.7	5.330	11.282	5.921	10.691	0.19
开封市	656.3	4.022	8.003	1.020	11.006	0.27
洛阳市	873.3	37.209	16.747	13.021	40.936	0.31
平顶山市	900.9	19.197	8.047	3.831	23.412	0.33
安阳市	609.8	4.014	8.184	2.279	9.919	0.22
鹤壁市	610.8	1.090	2.431	0.563	2.958	0.23
新乡市	650.0	5.331	11.671	3.014	13.989	0.26
焦作市	816.8	4.627	7.680	1.910	10.398	0.32
濮阳市	588.8	2.030	6.274	2.131	6.172	0.25
许昌市	731.8	3.518	7.084	1.821	8.780	0.24
漯河市	712.9	1.819	3.641	0.271	5.189	0.27
三门峡市	852.0	25.018	9.356	7.819	26.556	0.31
南阳市	784.0	59.110	25.026	16.208	67.928	0.33
商丘市	706.7	4.668	12.766	0.366	17.069	0.23
信阳市	717.2	23.660	19.407	14.256	28.810	0.21
周口市	621.3	7.820	16.379	3.810	20.388	0.27
驻马店市	652.9	10.693	14.209	5.391	19.511	0.20
济源市	893.5	3.299	3.616	2.688	4.227	0.25
全省	736.2	222.455	191.802	86.319	327.938	0.27
海河	630.9	9.460	21.067	6.428	24.099	0.25
黄河	893.5	61.039	44.152	25.146	80.045	0.25
淮河	715.3	89.703	99.421	36.796	152.328	0.25
长江	786.6	62.253	27.165	17.952	71.466	0.33

　　2011 年全省降水量总体上区域分布较均匀,从南到北无明显递减,西部稍大于东部。淮河流域的中东部及南部区域降水量在 600~800 mm,局部低于 600 mm;北部海河流域降水量多在 600 mm 以下;豫西南地区降水量在 600~1 000 mm,其中白河、沙河上游山区局部达 1 000~1 200 mm,五道庙站年降水量达 1 309.2 mm;西部黄河流域降水量在 800~1 000 mm,明显高于全省其他区域。

　　本年度降水量时间分配相对均匀,非汛期(1—5 月、10—12 月)降水量 264.7 mm,占

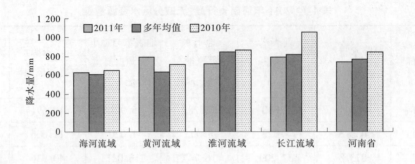

图 1-1　2011 年河南省流域分区降水量与多年均值及 2010 年比较图

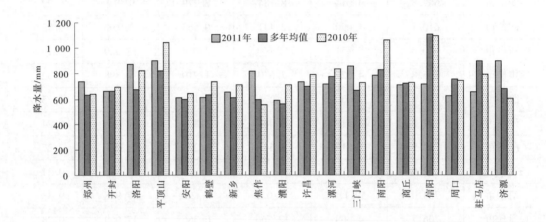

图 1-2　2011 年河南省行政分区降水量与多年均值及 2010 年比较图

全年降水量的 36.0%,较多年同期偏少不足 10.0%。局部区域出现冬春旱;汛期天气变化比较平稳,6—9 月降水量 471.5 mm,占全年降水量的 64.0%,接近于多年均值。汛期全省未出现大范围、高强度的降水过程,局地阵性降水较多,伊洛河、丹江、白河、沙河先后有较大的洪水过程,出现局部山体滑坡等现象。

二、地表水资源量

2011 年全省地表水资源量 222.5 亿 m^3,折合径流深 134.4 mm,比多年均值 304.0 亿 m^3 偏少 26.8%,比上年度偏少 46.9%。

按流域分区,淮河、长江、黄河、海河流域地表水资源量分别为 89.70 亿 m^3、62.25 亿 m^3、61.04 亿 m^3、9.46 亿 m^3,其中淮河、长江、海河流域分别比多年均值减少 49.7%、3.3%、42.1%;黄河流域比多年均值偏多 35.7%。豫南淮河流域的淮河干流水系、史河水系、洪汝水系和长江流域的唐河支流比常年减幅超过 50%,海河流域的漳卫河水系和豫东沙颍平原、南四湖湖西区比常年减幅超过 30%。黄河流域伊洛河水系则比常年偏多 50%左右。

全省 18 个省辖市中,位于南部、中北部的信阳、驻马店、安阳、鹤壁、漯河、商丘、周口、郑州和新乡市,地表水资源量较多年均值减幅较大,分别为 71.0%、70.5%、51.8%、50.1%、45.5%、39.4%、38.5%、30.6%、29.1%;地处西部的三门峡、洛阳、济源和平顶山市,比多年均值则有较大增幅,分别为 52.4%、43.1%、29.5%、22.6%。全省流域分区、行政分区地表水资源量详见表 1-1,与上年及多年均值比较情况见图 1-3、图 1-4。

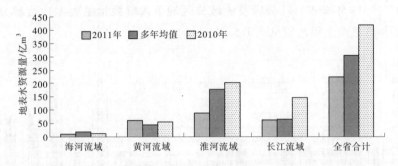

图 1-3 2011 年河南省流域分区地表水资源量与多年均值及 2010 年比较图

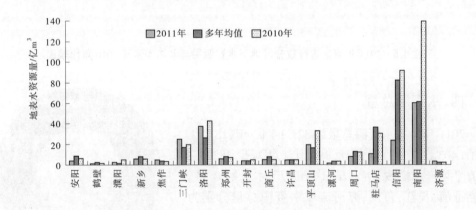

图 1-4 2011 年河南省行政分区地表水资源量与多年均值及 2010 年比较图

2011 年河南省入境水量 304.1 亿 m³。其中,黄河流域入境水量 277.2 亿 m³(黄河干流三门峡以上入境水量 257.5 亿 m³);长江流域入境水量 22.46 亿 m³;淮河流域入境水量 1.986 亿 m³;海河流域入境水量 2.399 亿 m³。全省出境水量 417.0 亿 m³,其中黄河流域出境水量 266.0 亿 m³,淮河流域出境水量 70.97 亿 m³,长江流域出境水量 72.39 亿 m³,海河流域出境水量 7.642 亿 m³。

三、地下水资源量

2011 年全省地下水资源量为 191.80 亿 m³,其中山丘区 83.30 亿 m³,平原区 122.43 亿 m³,平原区与山丘区地下水重复计算量为 13.93 亿 m³。全省地下水资源模数为 11.6 万 m³/km²。本年度全省地下水资源量比多年均值(196.0 亿 m³)减少 2.1%,比上年减少 10.6%。省辖淮河、长江、黄河、海河流域地下水资源量分别为 99.42 亿 m³、27.165 亿 m³、44.15 亿 m³、21.07 亿 m³。

全省平原区总补给量为 132.24 亿 m³,其中降水入渗补给量为 96.13 亿 m³,地表水体入渗补给量为 22.45 亿 m³,山前侧渗量为 3.85 亿 m³,井灌回归量为 9.81 亿 m³。扣除井灌回归量后,平原区地下水资源量为 122.43 亿 m³。山丘区地下水总排泄量为 83.30 亿 m³,其中河川基流量为 65.54 亿 m³,山前侧向径流量为 3.85 亿 m³,开采净消耗量为 13.91 亿 m³。2011 年全省行政分区及流域分区地下水资源量见表 1-1,行政分区地下水资源量与多年均值及上年比较见图 1-5。

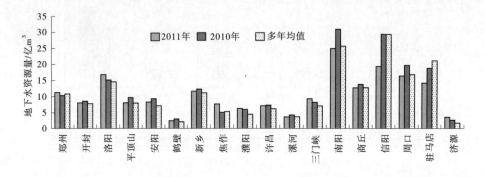

图 1-5　2011 年河南省行政分区地下水资源量与多年均值及 2010 年比较图

四、水资源总量

2011 年全省水资源总量为 327.94 亿 m³,比多年均值(403.5 亿 m³)偏少 18.7%,比上年减少 38.7%,全省平均产水模数 19.8 万 m³/km²,产水系数 0.27。省辖淮河、长江、黄河、海河流域水资源总量分别为 152.33 亿 m³、71.47 亿 m³、80.04 亿 m³、24.10 亿 m³,与多年均值比较,黄河流域增加 36.7%,长江流域基本持平,淮河流域减少 38.1%,海河流域减少 12.7%。2011 年全省流域分区水资源总量及其组成见表 1-1 与图 1-6。

图 1-6　2011 年河南省流域分区水资源总量及其组成图

按行政分区与多年均值比较,三门峡市水资源总量增幅最大,达到 64.0%;洛阳、焦作、济源、平顶山等市水资源总量增幅 44.0%～27.7%;水资源总量减幅最大的为信阳市,达 67.5%;其次驻马店市减幅达 60.6%;安阳、周口、鹤壁等市水资源总量减幅在 24%～20%;漯河、郑州、商丘等市水资源总量减幅在 18.9%～13.8%;其余市水资源总量变幅在±10%左右。2011 年全省行政分区水资源总量见表 1-1,多年均值相比的变化情况见图 1-7。

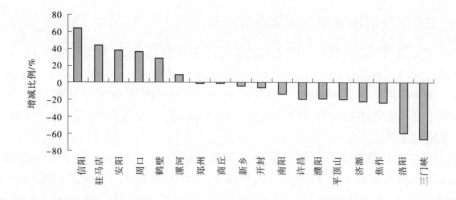

图 1-7 2011 年河南省行政分区水资源总量与多年均值比较图

第二节 蓄水动态

一、大中型水库蓄水动态

根据 2011 年末蓄水量资料统计,全省 22 座大型水库和 104 座中型水库蓄水总量 57.43 亿 m³,比上年末增加 4.52 亿 m³。其中,大型水库年末蓄水量 46.29 亿 m³,比上年末增加 3.26 亿 m³;中型水库年末蓄水量 11.14 亿 m³,比上年末增加 1.26 亿 m³。

按流域区统计,淮河流域大中型水库年末蓄水总量 26.01 亿 m³,比上年末减少 1.68 亿 m³;黄河流域 14.93 亿 m³,比上年末增加 1.83 亿 m³;长江流域 11.98 亿 m³,比上年末增加 3.33 亿 m³;海河流域 4.51 亿 m³,比上年末增加 1.04 亿 m³。2011 年末全省流域分区水库蓄水量与上年比较情况见图 1-8。

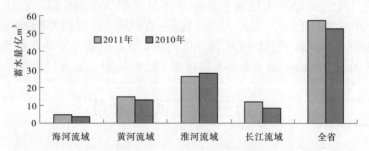

图 1-8 2011 年末河南省流域分区水库蓄水量与 2010 年比较图

2011 年末大型水库蓄水量较上年末总体上呈增加状态,但各水库差异较大。增加较多的水库有鸭河口水库、燕山水库、昭平台水库、陆浑水库、白龟山水库、窄口水库,分别增加 3.20 亿 m³、0.89 亿 m³、0.85 亿 m³、0.68 亿 m³、0.41 亿 m³、0.41 亿 m³,主要分布在豫西南和沙颍河上游山区;部分水库蓄水量减少较多,主要分布在豫南山区,其中鲇鱼山水库减少 1.83 万 m³,南湾水库减少 1.80 亿 m³,泼河水库减少 0.44 亿 m³,石山口水库减少 0.39 亿 m³,薄山水库减少 0.29 亿 m³。

二、平原区浅层地下水动态及降落漏斗

2011 年末全省平原区浅层地下水位与上年末相比略有下降,平均降幅 0.18 m,其中海河流域与黄河流域基本持平,淮河流域下降 0.25 m,长江流域下降 0.13 m。上升区主要分布于豫北西部平原、濮阳-清丰-南乐漏斗、长垣、开封西部、民权及南阳局部;下降区主要分布于驻马店与信阳大部、兰考—杞县、鹿邑、永城,以及汤阴、原阳、南阳等地;其他区域大多属稳定区。

2011 年全省平原区地下水储存量与上年相比减少 5.70 亿 m³,其中海河流域增加 0.03 亿 m³,淮河流域减少 5.24 亿 m³,长江流域减少 0.29 亿 m³,黄河流域减少 0.19 亿 m³。1980 年以来,淮河流域与长江流域平原区地下水储存量累计减少 11.98 亿 m³ 和 3.60 亿 m³,减幅相对较小;海河流域与黄河流域分别减少 25.63 亿 m³ 和 15.72 亿 m³,减幅相对较大。全省平原区浅层地下水储存量变化见图 1-9。

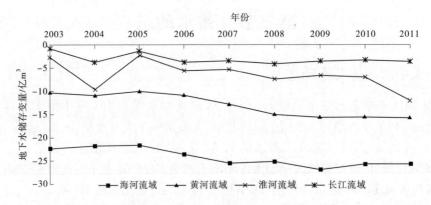

图 1-9　1980 年以来平原区浅层地下水储存量累计变化图

2011 年末全省平原区浅层地下水漏斗区总面积为 7 346 km²,约占平原总面积的 8.7%,比上年减少 150 km²。其中,安阳-鹤壁-濮阳漏斗区面积为 6 660 km²,漏斗中心水位埋深为 23.64 m;武陟-温县-孟州漏斗区面积 470 km²,漏斗中心水位埋深为 19.41 m;南阳漏斗区面积 100 km²,漏斗中心水位埋深 17.20 m,其余漏斗区面积小于 100 km²。

第三节　供用水量

一、供水量

2011 年全省总供水量为 229.04 亿 m³,比上年增加 4.43 亿 m³,增幅 2.0%。其中,地表水源供水量为 96.86 亿 m³,占总供水量的 42.3%,比上年增加 8.26 亿 m³;地下水源供水量为 131.30 亿 m³,占总供水量的 57.3%,比 2010 年减少 3.84 亿 m³;集雨及其他水源工程供水量为 0.88 亿 m³,占总供水量的 0.4%。在地表水开发利用中,引用入过境水量为 35.50 亿 m³(包括引黄河干流水量 34.22 亿 m³),其中流域间相互调水 20.63 亿 m³。在地下水利用量中,开采浅层地下水约 120.27 亿 m³,中深层地下约 11.03 亿 m³。2011

年全省行政分区及流域分区供用耗水量详见表 1-2。

表 1-2　2011 年河南省流域、行政分区供用耗水统计表　　　　单位:亿 m³

分区名称	供水量				用水量				耗水量
	地表水	地下水	其他	合计	农、林、渔业	工业	城乡生活、环境综合	合计	
郑州市	9.589	10.536	0.35	20.475	4.034	5.628	10.814	20.475	11.472
开封市	3.788	10.358		14.146	10.204	2.226	1.716	14.146	8.538
洛阳市	8.487	5.995		14.482	4.132	7.213	3.137	14.482	6.304
平顶山市	4.955	5.348		10.303	3.370	4.986	1.948	10.303	4.551
安阳市	3.550	8.979		12.529	8.284	2.114	3.131	12.529	8.524
鹤壁市	1.186	2.917		4.102	2.807	0.722	0.574	4.102	2.835
新乡市	8.739	8.308		17.047	11.732	3.068	2.247	17.047	10.156
焦作市	5.215	7.270		12.484	7.056	4.018	1.410	12.484	6.920
濮阳市	9.521	6.676	0.364	16.560	10.535	3.100	2.925	16.560	9.877
许昌市	3.069	4.753		7.882	2.683	3.055	2.085	7.822	3.920
漯河市	0.908	3.435		4.343	1.397	2.048	0.898	4.343	2.003
三门峡市	2.753	1.782	0.039	4.575	1.551	2.246	0.778	4.575	2.112
南阳市	10.528	12.093		22.621	11.597	6.677	4.348	22.621	11.897
商丘市	3.464	11.243		14.707	9.482	2.301	2.924	14.707	10.492
信阳市	15.442	2.511		17.953	12.129	2.553	3.271	17.953	7.918
周口市	2.089	17.156		19.245	12.660	2.769	3.817	19.245	12.266
驻马店市	2.483	11.112		13.595	9.906	1.378	2.311	13.595	9.270
济源市	1.094	0.825	0.129	2.047	1.050	0.708	0.289	2.047	1.368
全省	96.861	131.296	0.882	229.039	124.608	56.808	47.623	229.039	130.422
海河	12.796	22.661	0.245	35.702	20.219	8.858	6.625	35.702	21.680
黄河	28.009	21.831	0.287	50.127	27.715	15.176	7.236	50.127	27.335
淮河	45.901	74.551	0.350	120.802	65.457	26.028	29.317	120.802	69.722
长江	10.155	12.253		22.409	11.217	6.747	4.445	22.409	11.685

　　按流域分区统计,省辖海河流域、黄河流域、淮河流域、长江流域供水量分别为 35.70 亿 m³、50.13 亿 m³、120.80 亿 m³、22.41 亿 m³,分别占全省总供水量的 15.6%、21.9%、52.7%、9.8%。按行政分区分析,郑州、开封、焦作、安阳、鹤壁、平顶山、许昌、漯河、商丘、周口、驻马店等市以地下水源供水为主,地下水源供水量占其总供水量的比例在 50% 以上,周口市最高达 89%。而濮阳、洛阳、三门峡、信阳、济源等市则以地表水源供水量供水为主,地表水源供水量占其总供水量的比例在 50% 以上,信阳市最高达 86%。2011 年全省行政分区供水量及水源组成见图 1-10。

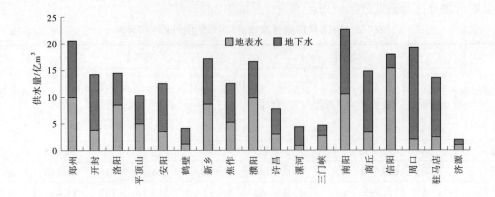

图 1-10　2011 年河南省行政分区供水量及水源组成图

二、用水量

2011 年全省总用水量为 229.04 亿 m³。其中,农、林、渔业用水 124.61 亿 m³（农田灌溉 114.52 亿 m³）,占 54.4%；工业用水 56.81 亿 m³,占 24.8%；城乡生活、环境综合用水 47.62 亿 m³（城镇生活、环境综合用水 29.36 亿 m³）,占 20.8%。农业用水量比上年减少 0.98 亿 m³；工业用水量比上年增加 1.24 亿 m³；城乡生活、环境综合用水量比上年增加 4.17 亿 m³。2011 年全省行政分区及流域分区用水量见表 1-2,全省用水结构见图 1-11 及图 1-12。

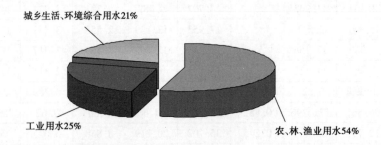

图 1-11　2011 年河南省用水结构图

由于各市水源条件、当年降水量、产业结构、生活水平和经济发展状况的差异,其用水总量和用水结构有所不同。开封、安阳、鹤壁、新乡、濮阳、南阳、商丘、信阳、周口、驻马店等市农、林、渔业用水占总用水量的比例相对较大,在 60% 以上。郑州、洛阳、平顶山、焦作、许昌、漯河、三门峡、济源等市工业用水相对较大,占总用水量的比例超过 25%。

三、用水消耗量

2011 年全省用水消耗总量 130.42 亿 m³,占总用水量的 56.9%。其中,农、林、渔业用水消耗量占全省用水消耗总量的 66.2%；工业用水消耗量占 10.3%；城乡生活、环境用水消耗量占 23.5%。

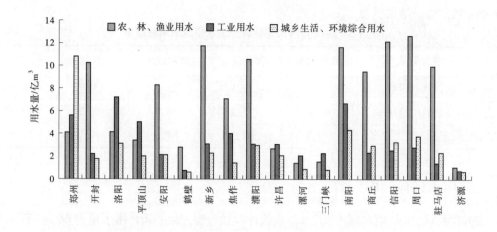

图 1-12   2011 年河南省行政分区用水量及用水结构图

由于各类用水户的需水特性和用水方式不同,其用水消耗量占用水量的百分比(耗水率)差别较大。全省平均耗水率为 57%,其中农、林、渔业用水综合耗水率为 69.3%(农田灌溉为 71.6%),工业用水耗水率为 23.6%,城乡生活、环境综合用水耗水率为 64.5%。由于各流域的自然条件、经济状况、生活水平、用水方式和组成以及管理水平的不同,综合耗水率有所差异:海河流域为 61%,黄河流域为 55%,淮河流域为 58%,长江流域为 52%。

第四节   水资源利用简析

一、水量平衡分析

2011 年全省水量收入项为:水资源总量 327.94 亿 m³,入境水量 304.06 亿 m³,引入水量(含引漳水量、引沁丹河水量、引丹江水量、引梅水量)5.01 亿 m³;支出项为:出境水量 417.02 亿 m³,无引出水量,用水消耗量 130.42 亿 m³,以及非用水消耗量;调蓄项为:水库蓄水增加量 34.55 亿 m³(包括黄河干流小浪底水库蓄水增加量 30.51 亿 m³ 和西霞院水库蓄水减少量 0.48 亿 m³),地下水储蓄减少量 5.70 亿 m³。扣除地下水潜水蒸发量 26.21 亿 m³,河道、湖泊、水库、沼泽、坑塘、洼地等地表水体水面蒸发量为 34.51 亿 m³。通过水量平衡分析,全省 2011 年非用水消耗量为 60.72 亿 m³,较 2010 年减少 23.50 亿 m³。

二、水资源利用程度分析

根据水资源量和供用水计算成果,并考虑跨流域调水、引用入过境水、水库蓄水变量及地下水补给量、地下水储蓄变量、平原河川基流排泄量等因素影响,对四大流域 2011 年地表水控制利用率、水资源总量利用消耗率及平原区浅层地下水开采率进行估算,全省地表水控制利用率、水资源总量利用消耗率及平原区浅层地下水开采率分别为 30.0%、

33.6%、71.7%。结果见表1-3。

表1-3　2011年河南省流域分区水资源利用程度表　　　　　　　　%

流域名称	海河流域	黄河流域	淮河流域	长江流域	全省
地表水控制利用率	55.6	32.1	32.2	20.9	30.0
水资源总量利用消耗率	67.7	27.2	39.9	16.0	33.6
平原区浅层地下水开采率	101.1	64.3	64.5	99.1	71.7

三、用水指标分析

2011年全省人均用水量为237 m³;按统计口径分析,万元GDP用水量为64 m³,较上年有所减小;农田灌溉亩均用水量为164 m³,较上年略有减小;吨粮用水量约148 m³;万元工业增加值(当年价)用水量(含火电)为39 m³,工业用水定额较上年有所减小;人均生活用水量,城镇综合每人每日为206 L(含城市环境用水),农村为83 L(含牲畜用水)。

人均用水量(见图1-13)大于300 m³有焦作、濮阳2市,其中濮阳市最大,为431 m³;其次为焦作市,为354 m³。许昌、漯河、平顶山、三门峡、驻马店等市小于200 m³,其中漯河市最小,为170 m³。万元GDP用水量最大的地市是濮阳市,为149 m³;郑州、洛阳、安阳、许昌、漯河、三门峡、济源市等市均小于50 m³,其中郑州市最小,为23 m³。

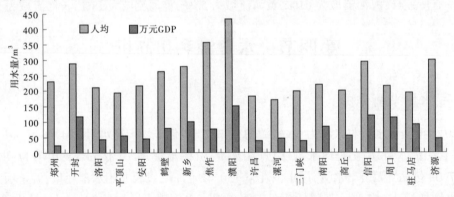

图1-13　2011年河南省行政分区人均、万元GDP用水量图

对全省2003—2011年各项用水指标分析(见图1-14),可以看出:随着全省社会经济发展,居民生活水平逐年不断提高,全省生活用水量呈缓慢增长趋势,城镇综合生活用水指标每年变幅不大;工业用水随着产业规模的不断扩大,用水总量呈现逐年增加趋势,但由于产业结构在不断优化调整,各级政府部门对用水加强管理,各产业部门注重引进新技术、采用新工艺,节水意识不断增强,工业用水增长速度低于工业产值增长速度,近几年全省万元工业增加值用水量及万元GDP用水量指标均呈逐年下降趋势;农业用水由于受气候、降水量及种植结构、灌溉习惯等各种因素影响,农田灌溉用水指标逐年、各地均有差异。

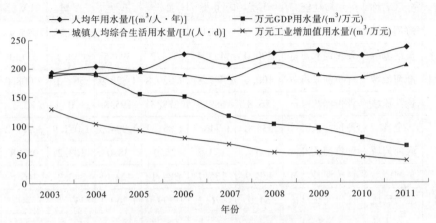

图1-14 河南省2003—2011年用水指标变化趋势图

第五节 水污染概况

一、废污水排放量

2011年估算全省废污水排放量为54.44亿 m³。其中,工业(含建筑业)废水40.11亿 m³,占74.6%;城市综合生活污水14.33亿 m³,占25.4%。按流域分区统计,海河流域 8.91亿 m³,黄河流域13.89亿 m³,淮河流域28.55亿 m³,长江流域4.97亿 m³。按行政分区统计,除鹤壁市、济源市外,其余16市废污水排放量均超过1亿 m³,其中郑州市最多,达6.87亿 m³,洛阳市次之,为6.71亿 m³,平顶山市为4.43亿 m³,新乡、焦作、南阳、濮阳、许昌、信阳、周口等市超过3亿 m³,商丘、漯河、安阳、开封等市超过2亿 m³。

二、河流水质

(一)全省河流水质监测评价

2011年对全省14个水系、129条主要河流、482个水质站进行了水质监测和评价,评价河流长度10 896.8 km。以《地表水环境质量标准》(GB 3838—2002)为依据,分全年期、汛期、非汛期进行水质评价分析。

全年期综合评价结果:全省水质达到和优于Ⅲ类标准、符合饮用水源区水质要求的河长4 133.4 km,占评价总河长的37.9%;达到Ⅳ类、V类标准,符合工农业用水区及景观娱乐用水区水质要求的河长分别为1 994.3 km、1 051.9 km,分别占18.3%和9.7%;遭受严重污染;水质劣V类,失去供水功能的河长3 717.2 km,占总控制河长的34.1%。水质评价结果见表1-4。

表1-4　2011年河南省辖四流域河流水质评价成果表

水期	分区名称	水质功能	I类	II类	III类	IV类	V类	劣V类	合计
全年期	海河流域	评价河长/km	108.5	15.0	63.0	76.0	48.2	995.9	1 306.6
	黄河流域	评价河长/km	290.0	454.4	318.8	393.6	439.4	631.0	2 527.2
	淮河流域	评价河长/km	109.5	587.8	1 080.8	1 328.9	564.3	2 008.0	5 679.3
	长江流域	评价河长/km	26.8	689.5	389.3	195.8	0	82.3	1 383.7
	全省	评价河长/km	534.8	1 746.7	1 851.9	1 994.3	1 051.9	3 717.2	10 896.8
汛期	海河流域	评价河长/km	0	123.5	25.0	38.0	103.2	952.8	1 242.5
	黄河流域	评价河长/km	438.9	135.7	389.1	422.0	342.9	746.6	2 475.2
	淮河流域	评价河长/km	64.0	476.2	1 299.0	1 260.1	557.1	1 981.5	5 637.9
	长江流域	评价河长/km	496.8	451.5	179.2	106.9	75.0	74.3	1 383.7
	全省	评价河长/km	999.7	1 186.9	1 892.3	1 827.0	1 078.2	3 755.2	10 739.3
非汛期	海河流域	评价河长/km	144.5	15.0	59.0	38.0	48.2	922.9	1 227.6
	黄河流域	评价河长/km	294.6	414.0	456.7	280.9	430.4	600.0	2 476.6
	淮河流域	评价河长/km	101.0	644.3	915.8	1 451.2	439.2	2 127.8	5 679.3
	长江流域	评价河长/km	92.8	610.5	236.9	227.2	134.3	82.0	1 383.7
	全省	评价河长/km	632.9	1 683.8	1 668.4	1 997.3	1 052.1	3 732.7	10 767.2

汛期评价结果:全省水质达到和优于III类、符合饮用水源区要求的河长 4 078.9 km,占评价总河长的 38.0%;达到IV类、V类标准,符合工农业用水区及景观娱乐用水区水质要求的河长分别为 1 827.0 km 和 1 078.2 km,分别占 17.1% 和 10.1%;遭受严重污染,水质劣V类,失去供水功能的河长 3 755.2 km,占总控制河长的 35.0%。

非汛期评价结果:全省水质达到和优于III类、符合饮用水源区要求的河长 3 985.1 km,占评价总河长的 37.0%;达到IV类、V类标准,符合工农业用水区及景观娱乐用水区水质要求的河长分别为 1 997.3 km 和 1 052.1 km,分别占 18.5% 和 9.8%;遭受严重污染、水质劣V类、失去供水功能的河长 3 732.7 km,占总控制河长的 34.7%。

2011年省辖四流域水质污染严重程度由轻至重依次为:长江流域、黄河流域、淮河流域、海河流域。达到饮用水源区水质要求的河长比例依次为长江 79.9%、黄河 42.1%、淮河 31.3%、海河 14.2%;受到严重污染,失去供水功能的河长比例依次为海河 76.2%、淮河 35.4%、黄河 25.0%、长江 5.9%。

(二)流域分区河流水质监测评价

1.海河流域

监测评价 2 个水系,22 条河流,57 个水质站,总评价河长 1 306.6 km。全年期符合饮用水源区水质要求的河长为 186.5 km,仅占本流域评价河长的 14.3%;污染严重,失去供水功能的河长为 995.9 km,占本流域评价河长的 76.2%。汛期和非汛期不符合饮用水源区水质要求的河长分别占 88.1% 和 82.2%,其中失去供水功能的河长分别占本流域评价河长的 76.7% 和 75.2%。评价结果显示:省辖海河流域水资源质量状况最差,遭受严重污染的河流有卫河、大沙河、新河、峪河、大狮涝河、西孟姜女河、东孟姜女河、百泉河、思德河、共产主义渠、汤河、洪水河、茶店坡沟、硝河、浊漳河、马颊河、潴龙河等 17 条河流,主要污染物为氨氮、高锰酸盐指数、化学需氧量等。仅淇河从源头至新村水文站段水质良好,符合饮用水源区水质要求。

2. 黄河流域

监测评价 3 个水系,38 条河流,107 个水质站,总评价河长 2 527.2 km。全年期符合饮用水源区水质要求的河长为 1 063.2 km,占本流域评价河长的 42.1%;失去供水功能的河长为 631.0 km,占本流域评价河长的 25.0%。汛期和非汛期符合饮用水源区要求的河长分别占本流域评价河长的 39.4% 和 47.1%;失去供水功能的河长分别占本流域评价河长的 29.4% 和 24.2%。水质良好,符合饮用水源区水质要求的河

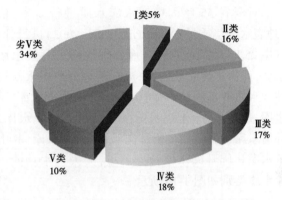

图 1-15 2011 年河南省地表水资源
质量类别图(占评价河长%)

流有逢石河、畛河、大峪河、官坡河、潘河、涧北(沙)河、崇阳河、陈吴涧、永(连)昌河、渡洋河、蛮峪(德亭)河、白降河、伊河的嵩县东湾水文站至偃师市岳滩镇河段、洛河的卢氏县曲里村至宜阳水文站河段;遭受严重污染的河流有坞罗河、双桥河、后寺河、涔改河、新蟒河、老蟒河、黄庄河、柳青河等,主要污染物为高锰酸盐指数、化学需氧量等。

3. 淮河流域

监测评价 8 个水系,59 条河流,246 个水质站,总评价河长 5 679.3 km。全年期符合饮用水源区水质要求的河长 1 778.1 km,占本流域评价河长的 31.3%;污染严重,失去供水功能的河长 2 008.0 km,占本流域评价河长的 35.4%。汛期和非汛期符合饮用水源区水质要求的河长分别占 32.6% 和 29.2%;失去供水功能的河长分别占 32.2% 和 37.5%。水质良好的河流有竹竿河、泉河、史河、北汝河、澧河、涡河故道、甘江河、引黄总干渠(民权)、废黄河;遭受严重污染的河流有红澍河、奎旺河、北汝河(入洪河)、慎水河、东风渠、蒋河、康沟河、老涡河、清水河、索须河、通惠渠、贾鲁河、包河、洪河从桂李水文站至道庄桥河段、颍河从登封大金店至告成河段、沙河从叶县邓李乡至舞阳县莲花镇河段、惠济河从杞县大王庙水文站至柘城县陈青集乡河段。淮河干流评价河长 350.4 km,符合饮用水源区水质要求的河长占 95.6%,仅月河口断面水质为Ⅳ类,主要污染项目是氨氮和化学需氧量。

4. 长江流域

监测评价 1 个水系,10 条河流,42 个水质站,总评价河长 1 383.7 km。全年期符合饮用水源区水质要求的河长为 1 105.6 km,占本流域评价河长的 79.9%;污染严重,失去供水功能的河长为 82.3 km,占本流域评价河长的 5.9%。汛期和非汛期符合饮用水源区水质要求的河长分别占 81.5% 和 67.9%,失去供水功能的河长分别占 5.4% 和 5.9%。水质

良好的河流有丹江、老灌河、泌阳河、淇河、三夹河、赵河、刁河、唐河源头方城段、唐河三夹河口至郭滩段、白河南阳市卧龙区以上河段等;受到严重污染,失去供水功能的河段是南阳市卧龙区至宛城区段,主要污染项目为五日生化需氧量、化学需氧量、氨氮。

三、水库水质

对全省 35 座大中型水库水质进行监测,依据《地表水环境质量标准》(GB 3838—2002)进行评价,其中 25 座水库水质符合地表水饮用水源区水质要求,占评价水库总数的 71.4%,不符合地表水饮用水源区水质要求的水库有 10 座,分别是鸭湖水库、丁店水库、楚楼水库、李湾水库、南海水库、坞罗水库、后寺河水库、汤河水库、佛耳岗水库、河王水库,其中河王水库和佛耳岗水库污染严重,失去供水功能。水库水质类别如图 1-16 所示。

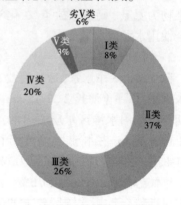

图 1-16　2011 年河南省水库水质
类别图(占评价水库总数%)

四、地下水水质

2011 年全省共监测地下水井 209 眼。按照《地下水质量标准》(GB/T 14848—93)以"地下水单组份评价"和"综合评价"分别进行评价。

单组份评价结果:58 眼井达到Ⅲ类水标准,占总监测井数的 27.7%,67 眼井达到Ⅳ类标准,占 32.1%,84 眼井达到Ⅴ类标准,占 40.2%,超标项目主要为氨氮、亚硝酸盐氮、总硬度、氟化物、硫酸盐等。

综合评价结果:58 眼井综合评价结果为良好,占总监测井数的 27.7%;113 眼井综合评价结果为较差,占 54.1%;38 眼井综合评价结果为极差,占 18.2%。

五、水功能区水质状况

2011 年全省共评价地表水功能区 359 个,按照《地表水资源质量评价技术规程(附条文说明)》(SL 395—2007)确定的水功能区评价方法,对照各水功能区水质目标进行评价。其中,有 74 个水功能区达标,达标率为 20.6%;评价河长 9 994.9 km,达标河长 2 131.3 km,达标率 21.3%;评价水库蓄水量 46.02 亿 m³,达标蓄水量为 32.66 亿 m³,达标率 71.0%,详见表 1-5。

表 1-5　2011 年河南省地表水功能区水资源质量达标分析成果表

功能区	按个数达标评价			按河流长度达标评价			按水库蓄水量达标评价		
	评价个数/个	达标个数/个	达标率/%	评价河长/km	达标河长/km	达标率/%	评价蓄水量/亿 m³	达标蓄水量/亿 m³	达标率/%
全省	359	74	20.6	9 994.9	2 131.3	21.3	46.02	32.66	71.0
海河	61	0	0	1 306.6	0	0	3.240 6	0	0
黄河	89	24	27.0	2 272.7	702.1	30.9	13.57	13.55	99.8
淮河	174	42	24.1	5 062.2	1 061.9	21.0	20.136 3	10.651 2	52.9
长江	35	8	22.9	1 353.4	367.3	27.1	9.064	8.46	93.3

第六节　重要水事

一、旱灾

今年河南省遭遇了严重的冬春(2010年11月至2011年2月)连旱,降水量较常年同期偏少84%,连续无雨日超过120天,受旱范围之广、时间之长均是建国以来所罕见的。2010年10月份以来,全省降水持续偏少,加之气温持续偏高,大风天气多,土壤失墒加快,旱情开始逐步蔓延,全省18个市均出现不同程度的旱情,特别是粮食主产区出现了严重旱情,旱情一直持续到2月末才得以缓解。进入4月份,全省降水偏少,加之气温偏高,土壤墒情不足,致使大部分地区小麦出现旱情。6月份以来全省降水量持续偏少,加之正值盛夏,气温高,蒸发量大,全省玉米等秋作物受旱,局部水稻因缺水无法插秧。

据统计,2011年全省作物受旱面积为3 450万亩,其中冬小麦受旱面积3 430万亩,成灾面积245万亩,因旱减收粮食108万吨,经济作物损失9.2亿元;林业受旱面积365千公顷,经济损失3 523万元;水产养殖因旱减产707吨,经济损失1 257万元;因旱减少发电量2 657万千瓦时。

二、涝灾

2011年汛期,全省未出现大范围高强度的降水过程,仅7—8月发生局地性暴雨过程,豫西、豫北、豫东部分地区出现了雷雨、大风、冰雹等强对流天气。9月份呈现连续阴雨天气,受连续降雨影响,伊洛河、丹江、白河、沙河先后出现了较大的洪水过程。暴雨洪水给部分地区造成不同程度洪涝灾害。据统计,全省仅有7个省辖市的22县(市、区)238个乡(镇)遭受洪涝灾害,受灾人口47.31万人,转移人口4.41万人,房屋倒塌所致死亡人口8人,倒塌房屋1.969万间,农作物受灾面积64.062千公顷,大中型水库受损1座,小型水库受损13座,损坏堤防38.62 km,冲毁塘坝40座,损坏水文测站15处,铁路中断1次,公路中断230条次,供电线路中断32条次,通信中断59条次,灾害造成直接经济损失8.55亿元,其中水利设施直接经济损失1.39亿元。

三、防汛与抗旱

1月21—22日,中共中央政治局常委、国务院总理温家宝在河南省就当前旱情和抗旱工作进行调研,并在豫北地区进行视察,在鹤壁主持召开抗旱工作座谈会。1月26日,河南省防汛抗旱指挥部副指挥长、省政府副省长刘满仓主持召开了第三次河南省旱情会商会,会议传达了中共中央政治局常委、国务院总理温家宝视察河南省旱情时对我省抗旱工作做出的重要指示精神。河南省委农业办公室、财政厅、水利厅、农业厅、河南省黄河河务局、气象局和河南省防汛抗旱指挥部办公室的主要负责人参加了会议。

2月15日,河南省全省抗旱保丰收工作座谈会召开。省委书记、省人大常委会主任卢展工,省委副书记、省长郭庚茂出席会议。省委副书记、省政协主席叶冬松,省委常委、省委秘书长刘春良,省政府副省长刘满仓,省军区司令员刘孟合,水利部黄河水利委员会主任李国英,省武警总队总队长沈涛参加座谈会。

2月25日上午,河南省委书记、省人大常委会主任卢展工赴三门峡市湖滨区王官村打井工地,看望慰问解放军某部给水工程团官兵。省委副书记、省长郭庚茂,省委副书记、省政协主席、组织部长叶冬松,省委常委、秘书长刘春良,副省长秦玉海、刘满仓等领导分赴各地看望解放军官兵和民兵预备役人员。

四、水利改革发展

8月18日,省委、省政府在郑州黄河迎宾馆召开河南省水利工作会议。省委书记、省人大常委会主任卢展工主持会议并做重要讲话。省委副书记、省长郭庚茂代表省委、省政府安排部署工作。省领导叶冬松、李克、邓凯、刘春良、刘怀廉、连维良、毛万春、铁代生、刘满仓、赵建才、李英杰及省高级人民法院院长张立勇、省人民检察院检察长蔡宁、黄河水利委员会主任陈小江、武警河南总队政委刘生辉等出席会议。

五、南水北调中线工程

1月8日,河南省南水北调丹江口库区移民安置指挥部办公室和省文化厅在中州影剧院联合举办"一脉相牵、情系移民"——慰问南水北调移民大型综艺晚会。国务院南水北调办副主任张野,河南省政府副省长刘满仓,省南水北调办、省政府移民办公室主任王树山等观看了演出。

1月24—25日,国务院南水北调办公室主任鄂竟平受国务院南水北调建委会领导委托,带领有关人员来到河南,看望慰问南水北调工程建设者和丹江口库区移民群众。河南省政府副省长史济春看望了鄂主任一行,省委农村工作领导小组副组长何东成,省水利厅厅长王仕尧,省南水北调办公室、省政府移民办主任王树山等陪同。

8月3—4日,河南省委副书记、省长郭庚茂到南阳市调研南水北调工程建设和丹江口库区移民迁安工作。省政府副秘书长徐衣显,省科技厅厅长贾跃,省水利厅厅长王树山,省商务厅厅长李清树等省直有关部门负责同志,南阳市委书记李文慧、市长穆为民等陪同调研。

9月22—23日,中共中央政治局委员、北京市委书记刘淇,北京市委副书记、市长郭金龙率领国务院南水北调办公室副主任张野,北京市委常委、市纪委书记叶青纯,北京市委常委、组织部长吕锡文,北京市委常委、秘书长李士祥,北京市副市长夏占义等50余人组成的北京市党政代表团来河南考察南水北调工程。河南省委书记卢展工,省长郭庚茂,省领导叶冬松、李克、邓凯、李新民、刘春良、连维良、尹晋华、张大卫、徐济超、陈雪枫,省水利厅厅长、省政府移民办公室主任王树山等参加会见或陪同考察。

六、水资源管理

4月初,河南省水利厅正式启动水资源管理信息系统建设,为"三条红线"和水资源管理考核制度的落实奠定基础。

4月11—12日,国家水利部、海河水利委员会组织有关专家对安阳市的节水型社会建设试点进行了中期评估。4月13—15日,水利部黄河水利委员会在洛阳市主持召开了洛阳市节水型社会建设试点中期评估会议。专家组充分肯定安阳市、洛阳市节水型社会建设试点工作,顺利通过了中期评估。

8月19日,河南省水资源管理工作座谈会在郑州召开。会议对全省取水许可总量控制指标细化工作进行了安排部署,决定全面开展18个市以及10个直管试点县(市)的取水许可总量控制指标细化工作。

10月20日,河南省水利厅下发了《关于开展全省水资源管理指标编制工作的通知》(豫水政资〔2011〕26号),决定组织开展全省水资源管理指标编制工作,并对全省水资源管理指标编制,建立省、市、县三级行政区域水资源开发利用控制、用水效率和水功能区限制纳污"三条红线"指标体系进行了安排部署,为实行最严格水资源管理制度提供依据。

第二章　　2012 年河南省水资源公报

2012 年全省平均降水量 605.2 mm,折合降水总量 1 001.882 亿 m³,较上年减少 17.8%,较多年均值减少 21.5%。省辖海河流域、黄河流域、淮河流域、长江流域降水量分别为 491.5 mm、488.6 mm、654.2 mm 和 667.7 mm,与多年均值相比均有大幅减少,减幅分别为 19.4%、22.8%、22.3% 和 18.8%。本年度属偏枯年份接近枯水年。

2012 年全省地表水资源量 172.7 亿 m³,折合径流深 104.3 mm,比多年均值 304.0 亿 m³ 偏少 43.2%,比上年度偏少 17.1%。全省地下水资源量为 161.8 亿 m³,地下水资源模数为 9.8 万 m³/km²,比多年均值减少 17.4%,比上年减少 15.6%。全省水资源总量为 265.5 亿 m³,比多年均值偏少 34.2%,比上年减少 19.0%,平均产水模数 16.0 万 m³/km²,产水系数 0.27。

2012 年末全省 22 座大型水库和 104 座中型水库蓄水总量 47.80 亿 m³,比上年末减少 9.28 亿 m³。其中,大型水库年末蓄水量 38.34 亿 m³,比上年末减少 7.60 亿 m³;中型水库 9.46 亿 m³,比上年末减少 1.68 亿 m³。

2012 年末全省平原区浅层地下水位与上年末相比普遍下降,平均降幅 0.63 m,相应地下水储存量与上年相比减少 19.9 亿 m³,全省平原区浅层地下水漏斗区总面积为 7 460 km²,约占平原区总面积的 8.8%,比上年增加 114 km²。

2012 年全省总供水量 238.61 亿 m³,比上年增加 9.57 亿 m³,增幅 4.2%。其中,地表水源供水量 100.47 亿 m³,占总供水量的 42.1%,比上年增加 3.61 亿 m³;地下水源供水量 137.22 亿 m³,占总供水量的 57.5%,比上年增加 5.92 亿 m³;集雨及其他工程供水 0.92 亿 m³,占总供水量的 0.4%。在地表水开发利用中,引用入过境水量 46.66 亿 m³(包括引黄河干流水量 40.81 亿 m³),其中流域间相互调水 21.54 亿 m³。在地下水利用量中,开采浅层地下水 125.54 亿 m³、中深层地下水 11.68 亿 m³。

2012 年全省总用水量 238.61 亿 m³。其中,农、林、渔业用水 130.03 亿 m³(农田灌溉 119.55 亿 m³),占 54.5%;工业用水 60.51 亿 m³,占 25.4%;城乡生活、环境综合用水 48.06 亿 m³(城市生活、环境综合用水 30.86 亿 m³),占 20.1%。全省用水消耗总量 134.51 亿 m³,占总用水量的 56.4%。其中,农、林、渔业用水消耗量占全省用水消耗总量的 67.6%,工业用水消耗占 10.0%,城乡生活、环境用水消耗占 22.4%。

2012 年全省人均用水量为 254 m³;按统计口径分析,万元 GDP 用水量为 65 m³;农田灌溉亩均用水量为 167 m³;吨粮用水量 153 m³;万元工业增加值(当年价)取水量为 39 m³(含火电);人均生活用水量,城镇综合每人每日为 203 L(含城市环境),农村为 86 L(含牲畜用水)。

2012 年对全省 128 条主要河流,443 处水质站进行了水质监测和评价,评价河流长度 10 838.4 km。全年期综合评价结果:全省水质达到和优于Ⅲ类标准,符合饮用水源区水质要求的河长 4 269.6 km,占评价总河长的 39.4%;水质达到Ⅳ类、Ⅴ类标准,符合工农业用水区及景观娱乐用水区水质要求的河长分别为 1 722.3 km、1 018.6 km,分别占 15.9%、9.4%;河流水质遭受严重污染,水质为劣 V 类,失去上述供水功能的河长 3 827.9 km,占总控制河长的 35.3%。

2012 年对全省 35 座大中型水库水质进行监测,其中 25 座水库水质达到或优于Ⅲ类标准,符合地表水饮用水源区水质要求,占评价水库总数的 71.4%;水质在Ⅲ类标准以下,不符合地表水饮用水源区水质要求的水库有 10 座。

2012 年对全省 209 眼地下水监测井进行水质评价,其中 4 眼井水质达到地下水Ⅱ类标准,占总监测井数的 1.9%,49 眼井水质达到Ⅲ类标准,占 23.4%,68 眼井达到Ⅳ类标准,占 32.5%,88 眼井达到 V 类标准,占 42.1%。地下水超标项目主要为亚硝酸盐氮、总硬度、氨氮、溶解性总固体等。

2012 年全省共评价地表水功能区 356 个,79 个水功能区达标,达标率为 22.3%;评价河长 9 930.5 km,达标河长 2 202.4 km,达标率 22.2%。参与评价水库蓄水量 33.4 亿 m³,达标蓄水量为 20.9 亿 m³,达标率 62.5%。

第一节　水资源量

一、降水量

2012 年全省平均降水量 605.2 mm,折合降水总量 1 001.882 亿 m³,较上年减少 17.8%,较多年(1956—2000 年)均值减少 21.5%,属偏枯接近枯水年份。省辖四大流域海河、黄河、淮河、长江降水量分别为 491.5 mm、488.6 mm、654.2 mm 和 667.7 mm,与多年均值相比均有大幅减少,减幅分别为 19.4%、22.8%、22.3% 和 18.8%。省辖四大流域与 2011 年相比,降水量均有所减少,其中黄河流域减幅最大,达 38.3%;其次为海河流域减幅 22.1%;长江流域减幅 15.1%;淮河流域减幅最小 8.5%。

全省 18 个省辖市降水量与多年均值比较,均有所减少,有 2 个市减少幅度在 30% 以上,分别为许昌市减幅 30.7%、濮阳市减幅 30.6%,有 8 个市减幅在 20%～30%,分别为开封市 29.2%、驻马店市 27.9%、郑州市 27.8%、平顶山市 26.3%、焦作市 25.9%、三门峡市 24.0%、鹤壁市 23.7% 和洛阳市 22.1%。商丘市、周口市、漯河市、新乡市、信阳市、安阳市、南阳市 7 市减幅在 10%～20%,分别为 19.8%、19.2%、19.1%、18.9%、18.2%、17.4% 和 16.8%。济源市减幅最小,为 2.9%。与上年比较,全省 18 个省辖市中只有信阳市增加,增幅为 26.0%,其余 17 市均有不同程度的减少,减幅最大的焦作市为 46.6%,有 6 市减幅在 30%～40% 之间,分别是洛阳市 39.8%、三门峡市 39.8%、郑州市 38.5%、濮阳市、许昌市 33.8%、平顶山市 33.0%,有 4 市减幅在 20%～30%,分别是开封市 28.9%、济源市 27.4%、新乡市 23.7%、鹤壁市 21.4%,有 6 市减幅在 20% 以下,分别为安阳市 19.4%、商丘市 17.9%、漯河市 12.4,南阳市 12.3,周口市和驻马店市减幅较少,分别为 2.2% 和 0.9%。2012 年河南省流域分区、行政分区降水量详见表 2-1,与上年及多年均值比较情况见图 2-1 及图 2-2。

表 2-1　2012 年河南省行政、流域分区水资源量表

分区名称	降水量/mm	地表水资源量/亿 m³	地下水资源量/亿 m³	地表水与地下水资源重复量/亿 m³	水资源总量/亿 m³	产水系数
郑州市	451.5	4.417	7.819	3.663	8.573	0.25
开封市	466.4	3.289	5.968	0.981	8.277	0.28
洛阳市	525.6	19.054	13.454	10.633	21.875	0.27
平顶山市	603.2	11.081	5.969	2.577	14.473	0.30
安阳市	491.5	3.723	7.744	2.449	9.018	0.25
鹤壁市	480.3	1.219	2.306	0.668	2.858	0.28
新乡市	495.8	4.040	10.036	2.950	11.126	0.27
焦作市	436.0	3.264	5.500	1.452	7.313	0.42
濮阳市	389.6	1.158	4.454	1.706	3.905	0.24
许昌市	484.1	2.931	5.319	1.345	6.906	0.29
漯河市	624.8	1.752	3.088	0.324	4.517	0.27
三门峡市	513.2	12.786	5.852	4.716	13.922	0.27
南阳市	687.7	46.635	21.504	12.590	55.549	0.30
商丘市	580.3	4.123	10.687	0.552	14.257	0.23
信阳市	903.9	31.174	20.401	13.268	38.307	0.22
周口市	607.9	8.051	15.410	3.324	20.137	0.28
驻马店市	646.7	11.065	13.339	3.540	20.864	0.21
济源市	649.1	2.889	2.970	2.201	3.658	0.30
全省	605.2	172.652	161.824	68.938	265.538	0.27
海河	491.5	8.469	19.233	6.143	21.559	0.29
黄河	488.6	34.751	32.637	19.231	48.158	0.27
淮河	654.2	83.117	87.572	30.459	140.231	0.25
长江	667.7	46.315	22.381	13.105	55.591	0.30

本年全省降水量总体上南部山区与北部平原仍存在较大差异,并从南到北呈递减趋势,但东西区域分布差异趋于平缓。海河流域、黄河流域中东部及淮河流域沙颍河以北大部分区域降水量在 300~500 mm,属降水低值区域,最低值点为通许站,年降水量仅有278.4 mm;豫西南地区年降水量在 500~800 mm,其中白河、沙河上游山区局部达 800~1 000 mm,大田庄站年降水量达 1 234.3 mm;西部黄河流域年降水量在 500~600 mm;豫南洪汝河以南区域年降水量在 600~1 000 mm,为全省降水量高值分布区,最高值黄柏山

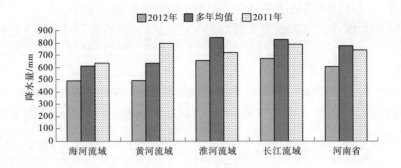

图 2-1 2012 年河南省流域分区降水量与多年均值及 2011 年比较图

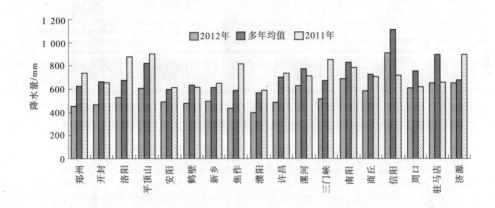

图 2-2 2012 年河南省行政分区降水量与多年均值及 2011 年比较图

站年降水量 1 331.7 mm。

本年度降水量时间分配仍为汛期多而非汛期少,非汛期(1—5 月、10—12 月)降水量 176.0 mm,占全年降水量的 29.1%,较多年同期偏少近 40.0%,局部区域出现冬春旱;汛期天气变化比较平稳,6—9 月降水量 429.2 mm,为近 10 年来汛期降水量最少年份,占全年降水量的 70.0%,较多年均值偏少近 12%。汛期全省未出现大范围、高强度的降水过程,局地阵性降水较多,沙颍河及北支流北汝河、淮河干流、唐白河部分河道出现中小洪水过程,并未造成大的险情。

二、地表水资源量

2012 年全省地表水资源量 172.7 亿 m^3,折合径流深 104.3 mm,比多年均值 304.0 亿 m^3 偏少 43.2%,比 2011 年度偏少 17.1%。

按流域分区,省辖淮河流域、长江流域、黄河流域、海河流域地表水资源量分别为 83.12 亿 m^3、46.31 亿 m^3、34.75 亿 m^3、8.469 亿 m^3,比多年均值分别减少 53.4%、28.1%、22.7%、48.2%。其中,豫西的黄河干流、豫西南山区伊洛河区和长江流域白河山区比多年均值减幅低于 30%;其他区域减幅普遍大于 30%,豫南淮河流域的淮河干流水系、史河水系、洪汝水系和海河流域的漳卫河山区比多年均值减幅超过 50%。

　　2012 年全省 18 个市地表水资源量与多年均值比较,只有济源市偏多 13.4%,其他市均有不同程度的减少。减幅较大的依次为驻马店、信阳、安阳、漯河、商丘、新乡、鹤壁、郑州、濮阳、周口市,减幅分别为 69.5%、61.8%、55.3%、47.5%、46.5%、46.3%、44.2%、42.5%、37.8%、36.7%;洛阳、南阳、焦作、三门峡、平顶山、许昌等 6 市减幅为 20%~30%;开封市减幅较小,为 18.7%;全省流域分区、行政分区地表水资源量详见图 2-3、图 2-4 及表 2-1。

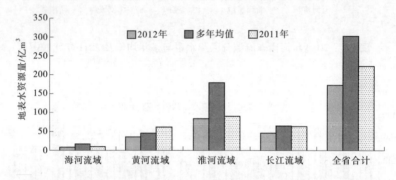

图 2-3　2012 年河南省流域分区地表水资源量与多年均值及 2011 年比较图

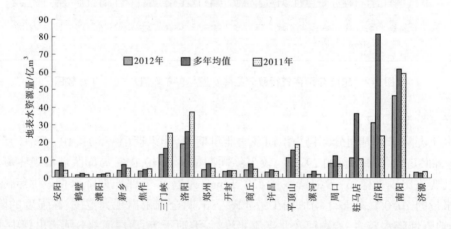

图 2-4　2012 年河南省行政分区地表水资源量与多年均值及 2011 年比较图

　　2012 年河南省入境水量 372.6 亿 m³。其中,黄河流域入境水量 358.0 亿 m³,黄河干流三门峡以上入境水量 339.5 亿 m³;淮河流域入境水量 3.78 亿 m³;长江流域入境水量 7.94 亿 m³;海河流域入境水量 2.83 亿 m³。全省出境水量 473.3 亿 m³,其中黄河流域出境水量 376.7 亿 m³,淮河流域出境水量 40.90 亿 m³,长江流域出境水量 46.19 亿 m³,海河流域出境水量 9.50 亿 m³。

三、地下水资源量

　　2012 年全省地下水资源量为 161.8 亿 m³,平均地下水资源模数为 9.8 万 m³/km²。

其中,山丘区 68.0 亿 m³,平原区 108.1 亿 m³,平原区与山丘区地下水重复计算量为 14.3 亿 m³。2012 年度全省地下水资源量比多年均值(196.0 亿 m³)减少 17.4%,比 2011 年减少 15.6%,省辖淮河流域、长江流域、黄河流域、海河流域地下水资源量分别为 87.6 亿 m³、22.4 亿 m³、32.6 亿 m³、19.2 亿 m³。

全省平原区总补给量为 118.2 亿 m³,其中降水入渗补给量 81.6 亿 m³、地表水体入渗补给量 22.6 亿 m³,山前侧渗补给量 3.9 亿 m³,井灌回归补给量 10.1 亿 m³;扣除井灌回归补给量后,平原区地下水资源量为 108.1 亿 m³。山丘区地下水总排泄量为 68.0 亿 m³,其中河川基流量 49.2 亿 m³,山前侧向径流量 3.9 亿 m³,开采净消耗量 14.9 亿 m³。2012 年全省行政分区及流域分区地下水资源量见表 2-1、图 2-5。

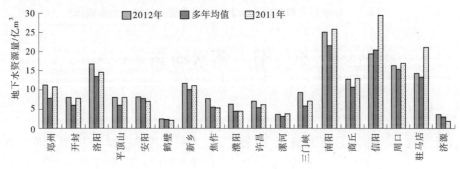

图 2-5 2012 年河南省行政分区地下水资源量与多年均值及 2011 年比较图

四、水资源总量

2012 年全省水资源总量为 265.5 亿 m³,比多年均值(403.5 亿 m³)偏少 34.2%,比 2011 年减少 19.0%。产水模数 16.0 万 m³/km²,产水系数 0.27。省辖淮河流域、长江流域、黄河流域、海河流域水资源总量分别为 140.2 亿 m³、55.6 亿 m³、48.1 亿 m³、21.6 亿 m³。与多年均值比较,淮河流域减少 43.0%,长江流域减少 22.0%,海河流域减少 21.9%,黄河流域减少 17.7%。2012 年全省流域分区水资源总量组成见图 2-6。

按行政分区统计,水资源总量与多年均值比较,全省减幅最大的为驻马店市,达 57.8%;其次信阳市,减幅达 56.7%;郑州、安阳、濮阳等市减幅为 30.8%~35.0%;漯河、商丘、开封、新乡、周口、洛阳、鹤壁、许昌、平顶山等市减幅为 29.4%~21.1%;南阳、三门峡 2 市减幅分别为 18.8%、14.0%;焦作市相对减幅较小,为 3.2%;济源市水资源总量增加 17.6%。2012 年全省行政分区水资源总量见表 2-1,与多年均值相比变化情况见图 2-7。

图 2-6 2012 年河南省流域分区水资源总量及其组成图

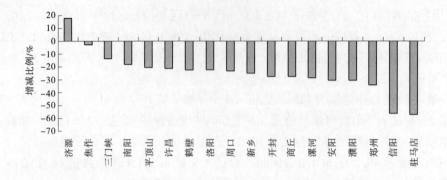

图 2-7　2012 年河南省行政分区水资源总量与多年均值比较图

第二节　蓄水动态

一、大中型水库蓄水动态

根据 2012 年末蓄水量资料统计,全省 22 座大型水库和 104 座中型水库蓄水总量 47.80 亿 m³,比上年末减少 9.28 亿 m³。其中,大型水库年末蓄水量 38.34 亿 m³,比上年末减少 7.60 亿 m³;中型水库年末蓄水量 9.46 亿 m³,比上年末减少 1.68 亿 m³。

按流域区统计,淮河流域大中型水库年末蓄水总量 20.96 亿 m³,比上年末减少 4.69 亿 m³;黄河流域 12.07 亿 m³,比上年末减少 2.83 亿 m³;长江流域 10.66 亿 m³,比上年末减少 1.33 亿 m³;海河流域 4.11 亿 m³,比上年末减少 0.41 亿 m³。2012 年末全省流域分区水库蓄水量与 2011 年比较情况详见图 2-8。

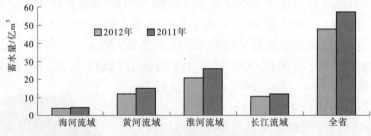

图 2-8　2012 年末河南省流域分区水库蓄水量与 2011 年比较图

2012 年末大型水库蓄水量与上年末比较总体上呈减少状态,但各水库差异较大。减少较多的水库有昭平台水库、陆浑水库、故县水库、燕山水库、白龟山水库、鸭河口水库,分别减少 1.884 亿 m³、1.562 亿 m³、1.05 亿 m³、1.034 亿 m³、0.91 亿 m³、0.588 亿 m³,主要分布在豫西伊洛河和沙颍河上游山区;仅有个别水库蓄水量有所增加,主要分布在豫南山区,其中鲇鱼山水库增加 0.67 万 m³,溲河水库增加 0.141 亿 m³,石山口水库增加 0.109 亿 m³;其他水库蓄水量持平或略有减少。

二、平原区浅层地下水动态及降落漏斗

2012年末全省平原区浅层地下水位与上年末相比普遍下降,平均降幅0.63 m,其中长江流域下降1.25 m,淮河流域下降0.64 m,海河流域下降0.53 m,黄河流域下降0.34 m。下降区广泛分布于黄河以南豫东平原、南阳盆地,以及豫北济源—淇县一带山前平原与沿黄地区;温县-孟州漏斗区、原阳县、安阳县、正阳—息县及商丘、漯河局部也有零星上升;稳定区分布于安阳、信阳大部,濮阳北部,商丘中部,驻马店北部等。

2012年,全省平原区地下水储存量与上年相比减少19.9亿 m³,其中淮河流域减少13.4亿 m³,长江流域减少2.8亿 m³,海河流域减少1.9亿 m³,黄河流域减少1.8亿 m³。与1980年相比,2012年全省平原区浅层地下水储存量累计减少76.2亿 m³,其中海河流域减少27.6亿 m³,淮河流域减少24.8亿 m³,黄河流域减少17.5亿 m³,长江流域减少6.4亿 m³。全省平原区浅层地下水储存量变化见图2-9。

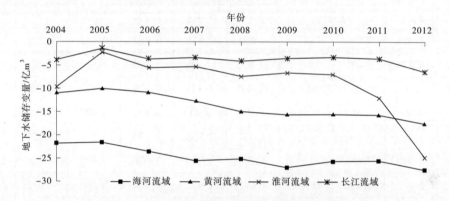

图2-9　1980年以来平原区浅层地下水储存量累计变化图

2012年末全省平原区浅层地下水漏斗区总面积为7 460 km²,约占平原总面积的8.8%,比上年增加114 km²。其中,安阳-鹤壁-濮阳漏斗区面积为6 760 km²,漏斗中心(浚县16#)水位埋深为40.41 m;武陟-温县-孟州漏斗区面积460 km²,漏斗中心(孟州1#)水位埋深为26.25 m;南阳漏斗区面积120 km²,漏斗中心(卧龙区1#)水位埋深17.86 m,其余漏斗区面积小于100 km²。

第三节　供用水量

一、供水量

2012年全省总供水量238.61亿 m³,比上年增加9.57亿 m³,增幅4.2%。其中,地表水源供水量100.47亿 m³,占总供水量的42.1%,比上年增加3.61亿 m³;地下水源供水量137.22亿 m³,占总供水量的57.5%,比上年增加5.92亿 m³;集雨及其他工程供水0.92亿 m³,占总供水量的0.4%。在地表水开发利用中,引用入过境水量46.66亿 m³(包括引黄河干流水量40.81亿 m³),其中流域间相互调水21.54亿 m³。在地下水利用量中,开采

浅层地下水约125.54亿 m³,中深层地下水约11.68亿 m³。2012年全省行政分区及流域分区供水量详见表2-2。

表2-2　2012年河南省流域、行政分区供用耗水统计表　　　　　单位:亿 m³

分区名称	供水量				用水量				耗水量
	地表水	地下水	其他	合计	农、林、渔业	工业	城乡生活、环境综合	合计	
郑州市	9.549	10.826	0.350	20.725	4.055	5.678	10.992	20.725	11.620
开封市	3.697	10.227		13.924	9.827	2.229	1.799	13.924	8.190
洛阳市	8.869	5.907		14.775	4.369	7.337	3.070	14.775	6.312
平顶山市	7.960	5.158		13.118	3.160	8.043	1.915	13.118	4.213
安阳市	3.291	10.550		13.841	9.424	2.230	2.187	13.841	9.577
鹤壁市	1.025	3.274		4.299	2.875	0.782	0.642	4.299	3.061
新乡市	9.470	8.452		17.922	12.489	3.117	2.317	17.922	10.710
焦作市	5.502	7.583		13.085	7.431	4.129	1.525	13.085	7.236
濮阳市	9.301	6.705	0.380	16.386	10.414	3.150	2.822	16.386	9.673
许昌市	2.463	5.591		8.054	2.968	3.124	1.961	8.054	4.128
漯河市	0.932	3.856		4.788	1.798	2.076	0.915	4.788	2.327
三门峡市	2.942	1.692	0.038	4.672	1.482	2.305	0.886	4.672	2.039
南阳市	9.884	12.749		22.634	12.399	6.102	4.132	22.634	12.288
商丘市	4.048	11.581	0.039	15.668	10.239	2.490	2.939	15.668	11.060
信阳市	15.440	2.918		18.358	11.946	2.692	3.721	18.358	7.980
周口市	2.269	17.483		19.752	13.518	2.764	3.471	19.752	12.472
驻马店市	2.260	11.697		13.957	10.146	1.407	2.405	13.957	9.860
济源市	1.566	0.971	0.110	2.647	1.495	0.790	0.361	2.647	1.767
全省	100.469	137.220	0.917	238.605	130.034	60.512	48.058	238.605	134.511
海河	13.352	23.967	0.259	37.578	21.775	9.067	6.735	37.578	22.985
黄河	28.597	23.281	0.268	52.146	28.931	15.769	7.446	52.146	28.311
淮河	49.026	77.083	0.389	126.499	67.425	29.474	29.600	126.499	71.042
长江	9.493	12.889	0	22.382	11.903	6.203	4.277	22.382	12.173

　　按流域分区统计,省辖海河、黄河、淮河、长江流域供水量分别为37.58亿 m³、52.15亿 m³、126.50亿 m³、22.38亿 m³,分别占全省总供水量的15.7%、21.9%、53.0%、9.4%。按行政分区分析,郑州、开封、焦作、安阳、鹤壁、许昌、漯河、商丘、周口、驻马店等市以地下

水源供水为主,地下水源占其总供水量的比例在 50% 以上,周口市最高达 88%。而濮阳、洛阳、平顶山、三门峡、信阳、济源等市则以地表水源供水为主,地表水源占其总供水量的比例在 50% 以上,信阳市最高达 84.1%。2012 年全省行政分区供水量及水源组成见图 2-10。

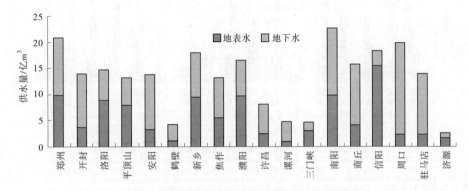

图 2-10 2012 年河南省行政分区供水量及水源组成图

二、用水量

2012 年全省总用水量 238.61 亿 m^3。其中,农、林、渔业用水 130.03 亿 m^3(农田灌溉 119.55 亿 m^3),占 54.5%;工业用水 60.51 亿 m^3,占 25.4%;城乡生活、环境用水 48.06 亿 m^3(城市生活、环境综合用水 30.86 亿 m^3),占 20.1%。由于本年度接近枯水年份,农业用水偏多,比上年增加 5.42 亿 m^3;工业用水量比上年增加 3.7 亿 m^3,主要是平顶山姚孟电厂用水量由消耗用水计量改为直流取水计量;城乡生活、环境用水量比上年略有增加,增量为 0.44 亿 m^3。2012 年全省行政分区及流域分区用水量详见表 2-2,其用水结构见图 2-11 及图 2-12。

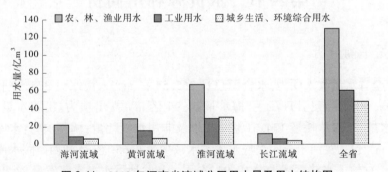

图 2-11 2012 年河南省流域分区用水量及用水结构图

由于各市水源条件、降水量地区分布、产业结构、生活水平和经济发展状况的差异,其用水量和用水结构有所不同。开封、安阳、鹤壁、濮阳、新乡、周口、商丘、信阳、驻马店等市农、林、渔业用水占总用水量的比例相对较大,在 60% 以上。郑州、洛阳、平顶山、焦作、许昌、漯河、三门峡、南阳、济源等市工业用水占总用水量的比例相对较大,超过 25%。

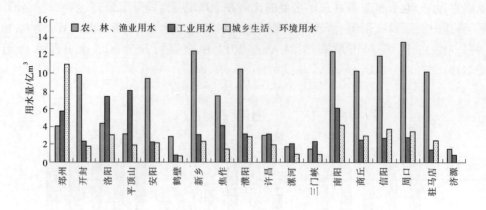

图 2-12　2012 年河南省行政分区用水量及用水结构图

三、用水消耗量

2012 年全省用水消耗总量 134.51 亿 m³,占总用水量的 56.4%。其中,农、林、渔业用水消耗量占全省用水消耗总量的 67.6%;工业用水消耗占全省用水消耗总量的 10.0%,城乡生活、环境用水消耗占全省用水消耗总量的 22.4%。

由于各类用水户的需水特性和用水方式不同,其用水消耗量占用水量的百分比(耗水率)差别较大。全省平均耗水率为 56%,其中农、林、渔业用水综合耗水率为 69.9%(农田灌溉为 71.9%),工业用水耗水率为 22.2%,城乡生活、环境用水综合耗水率为 62.7%。由于各流域的自然条件、经济状况、生活水平、用水方式和组成以及管理水平的不同,综合耗水率有所差异:海河流域为 61%,黄河流域为 54%,淮河流域为 56%,长江流域为 56%。

第四节　水资源利用简析

一、水量平衡分析

2012 年全省水量收入项为:水资源总量 265.54 亿 m³,入境水量 372.59 亿 m³,引入水量(含引漳、引沁丹河、引丹江、引梅水量)4.95 亿 m³;支出项为:出境水量 473.26 亿 m³,无引出水量,用水消耗量 134.51 亿 m³,以及非用水消耗量;调蓄项为:水库蓄水减少量 13.75 亿 m³(包括黄河干流小浪底水库蓄水减少量 4.65 亿 m³ 和西霞院水库蓄水增加量 0.18 亿 m³),地下水储蓄减少量 19.94 亿 m³。扣除地下水潜水蒸发量 23.96 亿 m³,河道、湖泊、水库、沼泽、坑塘、洼地等地表水体水面蒸发量为 45.03 亿 m³。通过水量平衡分析,全省 2012 年非用水消耗量为 68.99 亿 m³,较上年增加 8.72 亿 m³。

二、水资源利用程度分析

根据水资源量和供用水计算成果,并考虑跨流域调水、引用入过境水、水库蓄水变量及地下水补给量、地下水储蓄变量、平原河川基流排泄量等因素影响,对四大流域 2012 年地表水控制利用率、水资源总量利用消耗率及平原区浅层地下水开采率进行估算,全省地表水控制利用率、水资源总量利用消耗率及平原区浅层地下水开采率分别为 28.4%、41.6%、72.9%,结果见表 2-3。

表 2-3　2012 年河南省流域分区水资源利用程度表　　　　　　　%

流域名称	海河流域	黄河流域	淮河流域	长江流域	全省
地表水控制利用率	27.9	50.2	25.3	17.6	28.4
水资源总量利用消耗率	76.6	49.4	41.3	21.9	41.6
平原区浅层地下水开采率	104.1	69.3	63.6	82.1	72.9

三、用水指标分析

2012 年全省人均用水量为 254 m³;按统计口径分析,万元 GDP 用水量为 65 m³,较上年略有增加;农田灌溉亩均用水量为 167 m³,较上年略有增加;吨粮用水量约 153 m³;万元工业增加值(当年价)取水量为 39 m³(含火电),工业用水定额与上年持平;人均生活用水量,城镇综合每人每日为 203 L(含城市环境),农村为 86 L(含牲畜用水)。

人均用水量(见图 2-13)大于 300 m³ 的有新乡、焦作、濮阳和济源 4 市,其中濮阳市最大,为 455 m³,其次为济源 376 m³;许昌、漯河 2 市小于 200 m³,2 市均为 187 m³。万元 GDP 用水量最大的地市是濮阳市,为 139 m³,郑州、三门峡、洛阳、漯河、许昌等市均小于 50 m³,其中郑州市最小,为 19 m³。

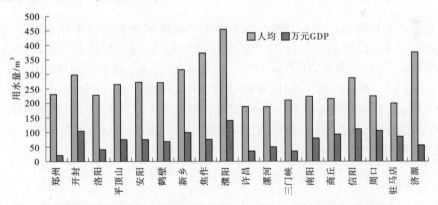

图 2-13　2012 年河南省行政分区人均、万元 GDP 用水量图

对全省 2003—2012 年各项用水指标分析(见图 2-14)可以看出:随着我省社会经济发展,居民生活水平逐年不断提高,全省生活用水量呈缓慢增长趋势,城镇综合生活用水指标每年变幅不大;工业用水随着产业规模的不断扩大,用水总量呈现逐年增加趋势,但由于产业结构在不断优化调整,各级政府部门对用水加强管理,各产业部门注重引进新技术、采用新工艺,节水意识不断增强,工业用水增长速度低于工业产值增长速度,近几年全省万元工业增加值用水量及万元 GDP 用水量指标均呈逐年下降趋势;农业用水由于受气候、降水量及种植结构、灌溉习惯等各种因素影响,农田灌溉用水指标逐年、各地均有

差异。

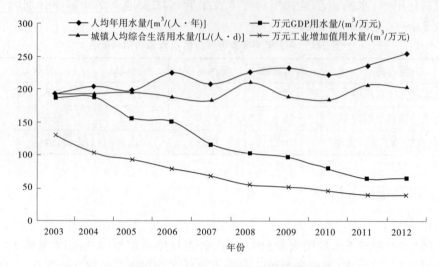

图 2-14　河南省 2003—2012 年用水指标变化趋势图

第五节　水污染概况

一、废污水排放量

根据用水量和耗水量估算,2012 年全省废污水排放量为 58.04 亿 m³。其中,工业(含建筑业)废水 42.89 亿 m³,占 73.9%;城市综合生活污水 15.15 亿 m³,占 26.1%。按流域分区统计,海河流域 9.20 亿 m³,黄河流域 14.57 亿 m³,淮河流域 29.10 亿 m³,长江流域 5.17 亿 m³。按行政分区统计,除鹤壁、驻马店、济源市外,其余 15 市废污水排放量均超过 2 亿 m³,其中郑州市最多达 7.13 亿 m³,洛阳市次之为 6.77 亿 m³,南阳市为 5.05 亿 m³,平顶山市为 4.02 亿 m³,新乡、焦作、濮阳、许昌、信阳、周口等市超过 3 亿 m³,商丘、漯河、安阳、开封等市也超过 2 亿 m³。

二、河流水质

(一)全省河流水质监测评价

2012 年对河南省 128 条河流,443 处水质站进行了水质监测和评价,评价河流长度10 838.4 km。以《地表水环境质量标准》(GB 3838—2002)为依据,分全年期、汛期、非汛期进行水质评价分析。

全年期评价结果:全省水质达到和优于Ⅲ类标准,符合饮用水源区水质要求的河长4 269.6 km,占评价总河长的 39.4%;水质达到Ⅳ类、Ⅴ类标准,符合工农业用水区及环境娱乐用水区水质要求的河长分别为 1 722.3 km、1 018.6 km,分别占 15.9%和 9.4%;河流水质遭受严重污染,水质为劣Ⅴ类,失去上述供水功能的河长 3 827.9 km,占总控制河长的 35.3%。水质评价结果见表 2-4、图 2-15。

表2-4　2012年河南省辖四流域河流水质评价成果

水期	分区名称	水质功能	Ⅰ类	Ⅱ类	Ⅲ类	Ⅳ类	Ⅴ类	劣Ⅴ类	合计
全年期	海河流域	评价河长/km	144.5	74.0	32.0	56.0	17.1	952.4	1 276.0
	黄河流域	评价河长/km	184.0	813.1	230.1	235.5	254.5	823.6	2 540.8
	淮河流域	评价河长/km	76.0	273.5	1 475.7	1 384.8	734.0	1 693.9	5 637.9
	长江流域	评价河长/km	138.0	472.3	356.4	46.0	13.0	358.0	1 383.7
	全省	评价河长/km	542.5	1 632.9	2 094.2	1 722.3	1 018.6	3 827.9	10 838.4
汛期	海河流域	评价河长/km	88.0	51.0	79.5	166.0	43.1	839.9	1 267.5
	黄河流域	评价河长/km	470.5	463	376.9	410.7	261.0	558.7	2 540.8
	淮河流域	评价河长/km	12.0	335.1	1 406.8	1 581.0	791.0	1 462.0	5 587.9
	长江流域	评价河长/km	66.0	513.8	209.7	356.2	138.0	100.0	1 383.7
	全省	评价河长/km	636.5	1 362.9	2 072.9	2 513.9	1 233.1	2 960.6	10 779.9
非汛期	海河流域	评价河长/km	144.5	40.0	84.0	38.0	12.1	878.4	1 197.0
	黄河流域	评价河长/km	190.6	718.2	218.7	321.9	257.3	828.1	2 534.8
	淮河流域	评价河长/km	106.5	357.5	1 284.6	1 262.9	632.8	1 993.6	5 637.9
	长江流域	评价河长/km	369.8	525.6	91.9	120.4	13.0	263.0	1 383.7
	全省	评价河长/km	811.4	1 641.3	1 679.2	1 743.2	915.2	3 963.1	10 753.4

　　汛期评价结果:全省水质达到和优于Ⅲ类标准,符合饮用水源区水质要求的河长4 072.3 km,占评价总河长的37.8%;水质达到Ⅳ类、Ⅴ类标准,符合工农业用水区及环境娱乐用水区水质要求的河长分别为2 513.9 km和1 233.1 km,分别占23.3%和11.4%;河流水质遭受严重污染,水质为劣Ⅴ类,失去上述供水功能的河长2 960.6 km,占总控制河长的27.5%。

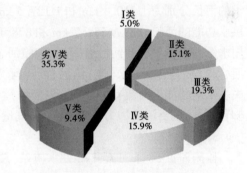

图2-15　2012年河南省地表水资源
质量类别图(占评价河长%)

　　非汛期评价结果:全省水质达到和优于Ⅲ类标准,符合饮用水源区水质要求的河长4 131.9 km,占评价总河长的38.4%;水质达到Ⅳ类、Ⅴ类标准,符合工农业用水区及环境娱乐用水区水质要求的河长分别是1 743.2 km和915.2 km,分别占16.2%和8.5%;河流水质遭受严重污染,水质为劣Ⅴ类,失去上述供水功能的河长3 963.1 km,占总控制河长的36.9%。

　　2012年省辖四流域水质污染严重程度由轻至重依次为长江流域、黄河流域、淮河流域、海河流域。水质达到和优于Ⅲ类标准,符合饮用水源区水质要求的河长比例依次为长江69.9%、黄河48.3%、淮河32.4%、海河19.6%;河流水质遭受严重污染,水质为劣Ⅴ

类,失去供水功能的河长比例依次为海河 74.6%、黄河 32.4%、淮河 30.0%、长江 25.9%。

(二)流域分区河流水质监测评价

1. 海河流域

监测评价 22 条河流,54 处水质站,总评价河长 1 276.0 km。全年期水质达到和优于Ⅲ类标准,符合饮用水源区水质要求的河长为 250.5 km,仅占本流域评价河长的 19.6%;河流水质遭受严重污染,水质为劣Ⅴ类,失去供水功能的河长为 952.4 km,占本流域评价河长的 74.6%。汛期和非汛期水质达到和优于Ⅲ类标准,符合饮用水源区水质要求的河长分别为 218.5 km 和 268.5 km,河流水质遭受严重污染,水质为劣Ⅴ类,失去供水功能的河长分别为 839.9 km 和 878.4 km。评价结果显示:省辖海河流域水资源质量状况最差,遭受严重污染的河流有大沙河、新河、峪河、大狮涝河、西孟姜女河、东孟姜女河、百泉河、思德河、共产主义渠、汤河、洪水河、茶店坡沟、马颊河、潴龙河、徒骇河、安阳河横水和冯宿桥河段、卫河除西孟入口和饮马口外所有河段,主要污染物为氨氮、化学需氧量、氟化物。仅淇河从源头至淇县西闫村河段、安阳河南海泉、石门河东樊村黄水河汇口河段、羑河时丰段、红旗渠分水闸河段水质良好,水质达到和优于Ⅲ类标准,符合饮用水源区水质要求。

2. 黄河流域

监测评价 38 条河流,107 处水质站,总评价河长 2 540.8 km。全年期水质达到和优于Ⅲ类标准,符合饮用水源区水质要求的河长为 1 227.2 km,占本流域评价河长的 48.3%;河流水质遭受严重污染,水质为劣Ⅴ类,失去供水功能的河长为 823.6 km,占本流域评价河长的 32.4%。汛期和非汛期水质达到和优于Ⅲ类标准,符合饮用水源区水质要求的河长分别为 1 310.4 km 和 1 127.5 km;河流水质遭受严重污染,水质为劣Ⅴ类,失去供水功能的河长分别为 558.7 km 和 828.1 km。水质良好,达到和优于Ⅲ类标准,符合饮用水源区水质要求的河流有畛河、大峪河、逢石河、沙河、大章河、官坡河、潘河、涧北(沙)河、崇阳河、陈吴涧、永(连)昌河、渡洋河、蛮峪(德亭)河;遭受严重污染,水质为劣Ⅴ类,失去供水功能的河流有坞罗河、双桥河、后寺河、新蟒河、老蟒河、黄庄河、南蟒河、明白河、柳青河等,主要污染物为氨氮、化学需氧量、五日生化需氧量等。

3. 淮河流域

监测评价 58 条河流,242 处水质站,总评价河长 5 637.9 km。全年期水质达到和优于Ⅲ类标准,符合饮用水源区水质要求的河长为 1 825.2 km,占本流域评价河长的 32.4%;河流水质遭受严重污染,水质为劣Ⅴ类,失去供水功能的河长为 1 693.9 km,占本流域评价河长的 30.0%。汛期和非汛期水质达到和优于Ⅲ类标准,符合饮用水源区水质要求的河长分别为 1 753.9 km 和 1 748.6 km;河流水质遭受严重污染,水质为劣Ⅴ类,失去供水功能的河长分别为 1 462.0 km 和 1 993.6 km。全年期水质达到和优于Ⅲ类标准,符合饮用水源区水质要求的河流有竹竿河、泉河、史河、北汝河(北汝河水系)、澧河、甘江河、引黄总干渠(民权)、废黄河、灰河;遭受严重污染,水质为劣Ⅴ类,失去供水功能的河流有惠济河、贾鲁河、红澍河、慎水河、东风渠、蒋河、康沟河、通惠渠、包河、谷河、西草河(小清河)。淮河干流:评价河长 350.4 km,源头水质良好;自桐柏县尚楼公路桥至罗山县罗庄公路桥河段水质受到不同程度的污染,主要污染项目为氨氮;息县新铺公路桥至出省河段,水质达到和优于Ⅲ类标准,符合饮用水源区水质要求。

4.长江流域

监测评价10条河流,40处水质站,总评价河长1 383.7 km。全年期水质达到和优于Ⅲ类标准,符合饮用水源区水质要求的河长为966.7 km,占本流域评价河长的69.9%;河流水质遭受严重污染,水质为劣Ⅴ类,失去供水功能的河长为358.0 km,占本流域评价河长的25.9%。汛期和非汛期水质达到和优于Ⅲ类标准,符合饮用水源区水质要求的河长分别为789.5 km和987.3 km;河流水质遭受严重污染,水质为劣Ⅴ类,失去供水功能的河长分别为100.0 km和263.0 km。水质良好,达到和优于Ⅲ类标准,符合饮用水源区水质要求的河流有老灌河、淇河、三夹河、丹江、泌阳河、唐河除谢岗外所有河段、白河南阳市解放广场以上河段等;遭受严重污染,水质为劣Ⅴ类,失去供水功能的河段是刁河、赵河,南阳市十二里河至新甸铺河段,主要污染项目为五日生化需氧量、化学需氧量、氨氮。

三、水库水质

对全省35座大中型水库水质进行监测,依据《地表水环境质量标准》(GB 3838—2002)进行评价,其中水质达到和优于Ⅲ类标准,符合饮用水源区水质要求的水库座数,占评价水库总数的71.4%,有宝泉、塔岗、盘石头、南湾、石山口、泼河、板桥、薄山、鲇鱼山、白沙、昭平台、白龟山、孤石滩、石门、窄口、陆浑、故县、鸭河口、赵湾、五岳、石漫滩、尖岗、群英、彰武、宋家场共25座水库;水质在Ⅲ类标准以下,不符合饮用水源区水质要求的水库有10座,分别为宿鸭湖水库、丁店水库、楚楼水库、李湾水库、后寺河水库、南海水库、坞罗水库、汤河水库、佛耳岗水库和河王水库。水库水质类别如图2-16所示。

四、地下水水质

2012年全省共监测了209眼井地下井。依据《地下水质量标准》(GB/T 14848—93),采用"地下水单组份评价"方法进行评价。

单组份评价结果:4眼井水质达到地下水Ⅱ类标准,占总监测井数的1.9%;49眼井水质达到地下水Ⅲ类标准,占总监测井数的23.4%;68眼井达到地下水Ⅳ类标准,占总监测井数的32.5%;88眼井达到地下水Ⅴ类标准,占总监测井数的42.1%。其中,地下水超标项目主要为亚硝酸盐氮、总硬度、氨氮、溶解性总固体等。

五、水功能区水质状况

2012年全省共评价水功能区355个,按照《地表水资源质量评价技术规程》(SL 395—2007)确定的水功能区评价方法,对照各水功能区水质目标进行评价,79个水功能区达标,达标率为22.3%;评价河长9 930.5 km,达标河长2 202.4 km,达标率22.2%。参与评价水库蓄水量33.4亿m³,达标蓄水量为20.9亿m³,达标率62.5%,详见表2-5。

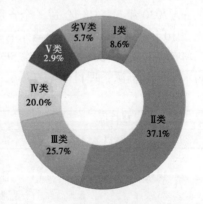

图2-16　2012年河南省水库水质类别图
（占评价水库总数%）

表 2-5　2012 年河南省地表水功能区水资源质量达标分析成果表

功能区	按个数达标评价			按河流长度达标评价			按水库蓄水量达标评价		
	评价个数/个	达标个数/个	达标率/%	评价河长/km	达标河长/km	达标率/%	评价蓄水量/亿 m³	达标蓄水量/亿 m³	达标率/%
全省	355	79	22.3	9 930.5	2 202.4	22.2	33.382	20.879	62.5
海河	59	5	8.5	1 276.0	171.0	13.4	2.997 8	0.447	14.9
黄河	88	26	29.5	2 280.3	868.4	38.1	5.605 5	5.592	99.8
淮江	173	38	22.0	5 020.8	811.4	16.2	16.913 0	6.975	41.2
长江	35	10	28.6	1 353.4	351.6	26.0	7.865 0	7.865	100.0

第六节　水资源管理

2013 年 1 月 2 日,国务院办公厅下发《国务院办公厅关于印发实行最严格水资源管理制度考核办法的通知》(国办发〔2013〕2 号),向全社会公布了《实行最严格水资源管理制度考核办法》(简称《办法》)。《办法》明确指出:国务院将对各省、自治区、直辖市最严格水资源管理制度落实情况进行考核,水利部会同有关部门成立考核组。考核结果将作为干部主管部门对各省、自治区、直辖市人民政府主要负责人和领导班子综合考核评价的重要依据。

《办法》规定:各省、自治区、直辖市人民政府是实行最严格水资源管理制度的责任主体,政府主要负责人对本行政区域水资源管理和保护工作负总责。考核内容为最严格水资源管理制度目标完成、制度建设和措施落实情况。考核目标为各省、自治区、直辖市"三条红线"控制指标及阶段性管理目标。制度建设和措施落实情况包括用水总量控制制度、用水效率控制制度、水功能区限制纳污制度、水资源管理责任和考核制度建设及相关措施落实情况。

根据《国务院办公厅关于印发实行最严格水资源管理制度考核办法的通知》(国办发〔2013〕2 号),河南省不同水平年用水总量控制目标为:2015 年 260 亿 m³,2020 年 282.15 亿 m³,2030 年 302.78 亿 m³。全省用水效率控制目标为:2015 年万元工业增加值用水量比 2010 年下降 35%,农田灌溉水有效利用系数达到 0.6。重要江河湖泊水功能区水质达标率控制目标为:2015 年达标率 56%,2020 年达标率 75%,2030 年达标率 95%。全省不同水平年水资源管理目标见表 2-6。

表 2-6　全省不同水平年水资源管理目标

考核目标	2015 年	2020 年	2030 年
用水总量控制目标/亿 m³	260	282.15	302.78
用水效率控制目标	万元工业增加值用水量比 2010 年下降 35%,农田灌溉水有效利用系数达到 0.6	—	—
水功能区水质达标率控制目标/%	56	75	95

第三章　2013 年河南省水资源公报

2013 年全省平均降水量 576.6 mm,折合降水总量 954.443 亿 m^3,属枯水年份。

全省水资源总量 215.2 亿 m^3,其中地表水资源量 123.8 亿 m^3,地下水资源量 147.1 亿 m^3,重复计算量 55.7 亿 m^3。

全省大中型水库年末蓄水总量 36.85 亿 m^3,其中大型水库 28.89 亿 m^3,中型水库 7.96 亿 m^3。

全省平原区年末浅层地下水位与 2012 年同期平均下降 0.89 m,地下水储存量与上年同期减少 28.0 亿 m^3;平原区浅层地下水漏斗区总面积 7 715 km^2。

全省总供水量 240.57 亿 m^3,其中地表水源供水 101.05 亿 m^3,地下水源供水 138.78 亿 m^3,集雨及其他工程供水 0.74 亿 m^3。

全省用水总量 240.57 亿 m^3,其中农、林、渔业用水 135.80 亿 m^3,工业用水 59.45 亿 m^3,城乡生活、环境综合用水 45.32 亿 m^3。全省用水总消耗量 133.03 亿 m^3,占用水总量的 55.3%。

全省人均用水量为 256 m^3,万元 GDP(当年价)用水量为 62.1 m^3,亩均灌溉用水量 195 m^3,万元工业增加值(当年价)用水量 32.5 m^3(含火电),人均生活用水量,城镇 172 L/d(含城市环境),农村 91 L/d(含牲畜用水)。

对全省 134 条河流进行水质评价,评价河流长度 10 830.2 km。全年期结果表明:全省水质达到和优于Ⅲ类标准,符合饮用水源区水质要求的河长达 4 197.8 km,占 38.8%;水质达到Ⅳ类、Ⅴ类标准,符合工农业用水区及环境娱乐用水区水质要求的河长分别为 1 789.1 km、1 141.1 km,分别占 16.5 %、10.5%;水质遭受严重污染,水质为劣Ⅴ类,失去上述供水功能的河长 3 702.2 km,占 34.2%。

对全省 35 座大中型水库水质进行监测评价,其中 24 座达到或优于Ⅲ类标准,符合地表水饮用水源区水质要求,占评价水库总数的 68.6%;有 11 座劣于Ⅲ类标准,不符合地表水饮用水源区水质要求,占 31.4%。

对全省 194 眼地下水监测井进行水质评价,其中 61 眼达到地下水质量Ⅲ类标准,占总监测井数的 31.4%;67 眼达到Ⅳ类标准,占 34.5%;66 眼达到Ⅴ类标准,占 34.0%,主要超标项目为总硬度、亚硝酸盐氮、氨氮等。

全省涉及有 164 个水功能区列入《全国重要江河湖泊水功能区近期达标评价名录》,按照国家实行最严格水资源管理制度考核有关要求进行评价,其中有 71 个功能区达标,水功能区达标率为 43.8%。

第一节　水资源量

一、降水量

全省年降水量 576.6 mm,折合降水总量 954.443 亿 m³,较 2012 年减少 4.7%,较多年均值减少 25.2%,属枯水年份。

全省汛期 6—9 月降水量 332.8 mm,占全年降水量的 57.7%,较多年均值偏少 32%;非汛期降水量 243.8 mm,占全年降水量的 42.3%,较多年均值偏多 50%。

省辖海河流域年降水量 483.8 mm,比多年均值减少 20.7%;黄河流域 466.3 mm,比多年均值减少 26.4%;淮河流域 635.1 mm,比多年均值减少 24.6%;长江流域 589.4 mm,比多年均值减少 28.3%。

18 个省辖市年降水量较多年均值均有所减少,开封市减幅最大,达 40.6%,郑州、许昌市减幅在 30% 以上。

2013 年各省辖市、省辖流域降水量与 2012 年、多年均值比较详见表 3-1 及图 3-1。

表 3-1　2013 年各省辖市、省辖流域降水量表

分区名称	年降水量/mm	与 2012 年比较/%	与多年均值比较/%	分区名称	年降水量/mm	与 2012 年比较/%	与多年均值比较/%
郑州市	389.7	-13.7	-37.7	南阳市	595.8	-13.4	-27.9
开封市	391.1	-16.1	-40.6	商丘市	577.7	-0.4	-20.1
洛阳市	502.3	-4.4	-25.5	信阳市	804.9	-10.9	-27.2
平顶山市	590.5	-2.1	-27.9	周口市	633.4	4.2	-15.8
安阳市	471.3	-4.1	-20.8	驻马店市	716.4	10.8	-20.1
鹤壁市	480.9	0.1	-23.6	济源市	472.4	-27.2	-29.3
新乡市	462.7	-6.7	-24.3	全省	576.6	-4.7	-25.2
焦作市	446.5	2.4	-24.1	海河	483.8	-1.6	-20.7
濮阳市	445.3	14.3	-20.7	黄河	466.3	-4.6	-26.1
许昌市	471.0	-2.7	-32.6	淮河	635.1	-2.9	-24.6
漯河市	726.9	16.3	-5.8	长江	589.4	-11.7	-28.3
三门峡市	502.7	-2.0	-25.6				

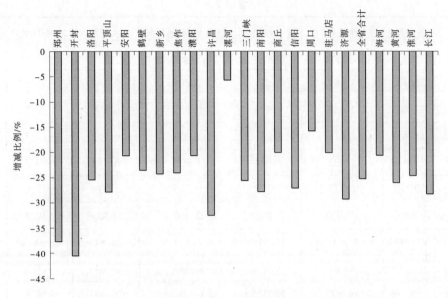

图3-1　2013年各省辖市、省辖流域降水量与多年均值比较图

二、地表水资源量

全省地表水资源量123.8亿 m³,折合径流深74.8 mm,比多年均值偏少59.3%,比2012年偏少17.1%。

省辖海河流域地表水资源量7.791亿 m³,比多年均值减少52.3%;黄河流域25.83亿 m³,比多年均值减少42.6%;淮河流域70.59亿 m³,比多年均值减少60.4%;长江流域19.62亿 m³,比多年均值减少69.5%。

18个省辖市地表水资源量较多年均值均有不同程度减少。其中,驻马店、南阳、信阳、洛阳、安阳、平顶山、新乡、鹤壁、商丘等市减幅超过50%,其他市大部分减幅在30%~50%。2013年各省辖市、省辖流域水资源量详见表3-2。

表3-2　2013年各省辖市、省辖流域水资源量与多年均值比较

分区名称	降水量/亿 m³	地表水资源量/亿 m³	地下水资源量/亿 m³	地表水与地下水资源重复量/亿 m³	水资源总量/亿 m³	与多年均值比较/%	产水系数
郑州市	29.360	4.158	6.277	2.266	8.170	-38.0	0.28
开封市	24.490	3.114	5.045	0.960	7.198	-37.3	0.29
洛阳市	76.505	10.313	8.986	6.516	12.782	-55.0	0.17
平顶山市	46.700	6.798	5.422	2.204	10.016	-45.4	0.21
安阳市	34.656	3.530	7.438	2.057	8.911	-31.6	0.26
鹤壁市	10.276	1.030	2.113	0.540	2.603	-29.7	0.25

续表 3-2

分区名称	降水量/亿 m³	地表水资源量/亿 m³	地下水资源量/亿 m³	地表水与地下水资源重复量/亿 m³	水资源总量/亿 m³	与多年均值比较/%	产水系数
新乡市	38.172	3.087	9.359	2.605	9.840	−33.9	0.26
焦作市	17.865	2.733	5.024	0.859	6.899	−8.7	0.39
濮阳市	18.650	1.618	5.218	2.084	4.752	−16.3	0.25
许昌市	23.448	2.592	4.623	1.034	6.181	−29.7	0.26
漯河市	19.582	1.817	3.773	0.275	5.314	−17.0	0.27
三门峡市	49.957	10.023	3.852	2.607	11.268	−30.4	0.23
南阳市	157.949	20.110	15.519	8.811	26.818	−60.8	0.17
商丘市	61.811	3.731	11.692	0.578	14.844	−25.1	0.24
信阳市	152.196	29.573	20.375	13.497	36.451	−58.8	0.24
周口市	75.741	8.083	15.681	3.586	20.177	−23.7	0.27
驻马店市	108.138	8.938	14.533	3.132	20.339	−58.9	0.19
济源市	8.946	1.884	2.195	1.444	2.636	−15.2	0.29
全省	954.443	123.133	147.122	55.054	215.201	−46.7	0.23
海河	74.202	7.593	18.725	5.338	20.981	−24.0	0.28
黄河	168.623	25.332	25.623	12.911	38.044	−35.0	0.23
淮河	548.890	70.590	86.641	27.702	129.529	−47.4	0.24
长江	162.729	19.619	16.133	9.104	26.647	−62.6	0.16

　　全省入境水量 342.5 亿 m³,其中黄河流域入境 332.5 亿 m³(黄河干流三门峡以上入境 316.1 亿 m³),淮河流域入境 6.08 亿 m³,长江流域入境 1.32 亿 m³,海河流域入境 2.63 亿 m³。全省出境水量 400.5 亿 m³,其中黄河流域出境 324.6 亿 m³,淮河流域出境 50.72 亿 m³,长江流域出境 17.71 亿 m³,海河流域出境 7.51 亿 m³。全省全年出入境水量差 58.0 亿 m³。

三、地下水资源量

　　全省地下水资源量 147.1 亿 m³,地下水资源模数平均 9.7 万 m³/km²。其中,山丘区 56.0 亿 m³,平原区 105.6 亿 m³,平原区与山丘区重复计算量 14.5 亿 m³。全省地下水资源量比多年均值减少 24.9%,比 2012 年减少 9.1%,省辖淮河、长江、黄河、海河流域分别为 86.6 亿 m³、16.1 亿 m³、25.6 亿 m³、18.7 亿 m³。2013 年各省辖市、省辖流域地下水资源量详见表 3-2。

四、水资源总量

全省水资源总量为 215.2 亿 m³,其中地表水资源量 123.8 亿 m³,地下水资源量 147.1 亿 m³,重复计算量 55.7 亿 m³。水资源总量比多年均值偏少 46.7%,比 2012 年减少 18.9%。产水模数 13.0 万 m³/km²,产水系数 0.23。

省辖淮河、长江、黄河、海河流域水资源总量分别为 129.5 亿 m³、26.6 亿 m³、38.0 亿 m³、21.0 亿 m³。与多年均值相比,淮河流域减少 47.4%,长江流域减少 62.6%,海河流域减少 24.0%,黄河流域减少 35.0%。

与多年均值比较,各省辖市水资源量均有所减少。南阳市减幅最大,达 60.8%,驻马店市、信阳市和洛阳市减幅在 50% 以上,其他市减幅大多在 40%~20%。

2013 年各省辖市、省辖流域水资源量详见表 3-2 及图 3-2、图 3-3。

图 3-2 2013 年河南省流域分区水资源总量及其组成图

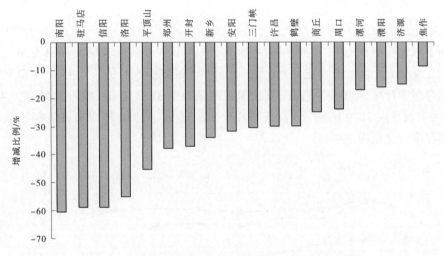

图 3-3 2013 年各省辖市水资源总量与多年均值比较图

第二节 蓄水动态

一、大中型水库蓄水动态

全省 22 座大型水库和 104 座中型水库年末蓄水总量 36.85 亿 m³,比年初减少 10.96 亿 m³。其中,大型水库 28.89 亿 m³,比年初减少 9.45 亿 m³;中型水库 7.96 亿 m³,比 2012 年初减少 1.51 亿 m³。

　　淮河流域大中型水库年末蓄水总量 18.54 亿 m³,比年初减少 2.44 亿 m³;黄河流域 9.24 亿 m³,比年初减少 2.83 亿 m³;长江流域 5.59 亿 m³,比年初减少 5.07 亿 m³;海河流域 3.48 亿 m³,比年初减少 0.62 亿 m³。全省大型水库 2013 年末蓄水情况详见表 3-3。

表 3-3　2013 年末全省各大型水库蓄水情况表　　　　　　　　单位:亿 m³

水库		小南海	盘石头	窄口	陆浑	故县	南湾	石山口	泼河	五岳	鲇鱼山	宿鸭湖	板桥
蓄水量	年初	0.282	1.582	0.860	4.732	5.350	2.330	0.586	0.713	0.328	2.530	1.100	1.757
	年末	0.205	1.623	0.776	3.109	4.550	2.220	0.376	0.517	0.204	2.100	1.860	1.790
蓄水变量		-0.076	0.041	-0.084	-1.623	-0.800	-0.110	-0.210	-0.196	-0.124	-0.430	0.760	0.033
水库		薄山	石漫滩	昭平台	白龟山	孤石滩	燕山	白沙	宋家场	鸭河口	赵湾	全省	
蓄水量	年初	1.427	0.712	1.520	2.194	0.078	1.228	0.846	0.489	7.384	0.311	38.337	
	年末	1.459	0.654	0.709	1.180	0.148	1.230	0.504	0.415	3.183	0.075	28.887	
蓄水变量		0.032	-0.057	-0.811	-1.014	0.070	0.002	-0.342	-0.073	-4.201	-0.237	-9.450	

二、浅层地下水动态

　　全省平原区 2013 年末浅层地下水位与 2012 年同期相比普遍下降,平均下降 0.89 m。浅层地下水储存量比 2012 年同期减少 28.0 亿 m³,其中淮河流域减少 16.1 亿 m³,长江流域减少 2.9 亿 m³,海河流域减少 3.6 亿 m³,黄河流域减少 5.5 亿 m³。1980 年以来浅层地下水储存量累计减少 104.2 亿 m³,其中海河流域减少 31.2 亿 m³,淮河流域减少 40.8 亿 m³,黄河流域减少 22.9 亿 m³,长江流域减少 9.3 亿 m³。1980 年以来各省辖流域浅层地下水储存量变化见图 3-4。

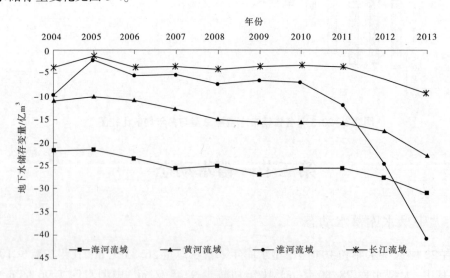

图 3-4　1980 年以来平原区浅层地下水储存量变化图

全省平原区浅层地下水漏斗区年末总面积达 7 715 km², 占平原区总面积的 9.1%, 比 2012 年同期增加 255 km²。其中, 安阳-鹤壁-濮阳漏斗区面积为 6 960 km², 漏斗中心水位埋深 41.59 m; 武陟-温县-孟州漏斗区面积 600 km², 漏斗中心水位埋深 26.30 m; 新乡凤泉-小冀漏斗区面积 155 km², 漏斗区中心水位埋深 17.70 m。

第三节　供用水量

一、供水量

全省总供水量 240.57 亿 m³, 其中地表水源供水量 101.05 亿 m³, 占总供水量的 42.0%; 地下水源供水量 138.78 亿 m³, 占总供水量的 57.7%; 集雨及其他工程供水 0.74 亿 m³, 占总供水量的 0.3%。在地表水源供水中, 引用入过境水量 47.46 亿 m³(引黄河干流水量 38.51 亿 m³), 其中四大流域间相互调水 25.56 亿 m³。在地下水源利用中, 开采浅层地下水 132.70 亿 m³, 中深层地下水 6.08 亿 m³。

省辖海河流域供水量 40.95 亿 m³, 占全省总供水量的 17.0%; 黄河流域 55.54 亿 m³, 占全省总供水量的 23.1%; 淮河流域 120.12 亿 m³, 占全省总供水量的 49.9%; 长江流域供水量 23.96 亿 m³, 占全省总供水量的 10.0%。

郑州、开封、焦作、安阳、鹤壁、许昌、漯河、商丘、周口、驻马店等市以地下水源供水为主, 地下水源占其总供水量的 50% 以上, 周口市最高, 达 88.3%, 其他市则以地表水源供水为主, 地表水源供水量占其总供水量的 50% 以上, 信阳市最高, 达 87.1%。2013 年各省辖市、省辖流域供用水量详见表 3-4。

表 3-4　2013 年各省辖市、省辖流域供用水量表　　　　　　　单位:亿 m³

分区名称		供水量				用水量				耗水量
		地表水	地下水	其他	合计	农、林、渔业	工业	城乡生活、环境	合计	
郑州市	全市	7.032	9.778	0.565	17.374	4.474	5.812	7.088	17.374	7.844
	其中巩义	0.787	0.845	0.002	1.634	0.337	0.906	0.391	1.634	0.636
开封市	全市	4.081	11.358		15.438	11.156	2.432	1.851	15.438	8.960
	其中兰考	0.474	1.553		2.027	1.459	0.382	0.186	2.027	1.199
洛阳市		8.809	6.269		15.078	4.842	6.962	3.273	15.078	6.086
平顶山市	全市	8.118	4.441		12.559	2.687	7.943	1.929	12.559	3.905
	其中汝州	0.682	1.275		1.957	0.701	0.926	0.330	1.956	0.848
安阳市	全市	4.487	11.766		16.252	11.927	2.026	2.299	16.252	11.500
	其中滑县	0.767	3.277		4.044	3.528	0.194	0.322	4.044	3.277

续表 3-4

分区名称		供水量				用水量				耗水量
		地表水	地下水	其他	合计	农、林、渔业	工业	城乡生活、环境	合计	
鹤壁市		1.278	3.390		4.668	3.267	0.715	0.685	4.668	3.345
新乡市	全市	10.157	9.141		19.298	13.902	2.943	2.453	19.298	11.856
	其中长垣	1.260	1.047		2.307	1.708	0.332	0.266	2.307	1.451
焦作市		5.621	7.869		13.490	7.998	3.899	1.593	13.490	7.646
濮阳市		9.970	7.524		17.494	11.730	3.208	2.556	17.494	10.143
许昌市		2.307	5.091	0.063	7.461	2.731	2.803	1.926	7.460	3.835
漯河市		0.874	3.898		4.771	1.971	1.731	1.069	4.771	2.401
三门峡市		2.858	1.815	0.039	4.713	1.424	2.057	1.232	4.713	2.255
南阳市	全市	9.923	14.357		24.281	13.069	6.933	4.279	24.281	12.785
	其中邓州	2.079	1.885		3.964	2.833	0.560	0.571	3.964	2.400
商丘市	全市	4.270	12.983		17.253	11.555	2.527	3.171	17.253	11.502
	其中永城	0.156	2.653		2.809	1.367	0.907	0.536	2.809	1.624
信阳市	全市	15.632	2.322		17.954	11.827	2.498	3.629	17.654	7.763
	其中固始	3.007	0.661		3.669	2.810	0.299	0.560	3.669	1.647
周口市	全市	2.243	16.899		19.141	12.969	2.879	3.293	19.141	11.808
	其中鹿邑	0.270	1.942		2.213	1.543	0.341	0.328	2.213	1.465
驻马店市	全市	1.787	8.934		10.721	6.643	1.444	2.634	10.721	7.557
	其中新蔡	0.135	0.926		1.061	0.678	0.106	0.276	1.061	0.773
济源市		1.601	0.947	0.073	2.621	1.624	0.635	0.636	2.621	1.841
全省		101.048	138.781	0.74	240.568	135.795	59.448	45.324	240.568	133.029
海河		14.830	26.115		40.945	25.411	8.608	6.926	40.945	25.663
黄河		30.642	24.780	0.114	55.536	32.448	15.018	8.070	55.536	30.149
淮河		45.558	73.940	0.626	120.123	65.447	28.759	25.917	120.123	64.621
长江		10.018	13.945		23.964	12.489	7.063	4.411	23.964	12.597

全省各省辖市供水量及水源结构见图 3-5。

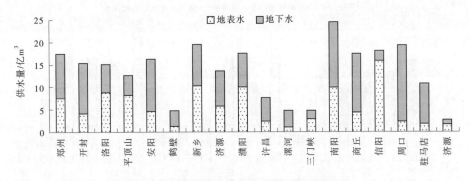

图 3-5   全省各省辖市供水量及水源结构图

二、用水量

全省总用水量 240.57 亿 m³,其中农、林、渔业用水 135.80 亿 m³(农田灌溉 125.22 亿 m³),占总用水量的 56.4%;工业用水 59.45 亿 m³,占 24.7%;城乡生活、环境用水 45.32 亿 m³(城市生活、环境用水 27.64 亿 m³),占 18.8%。2013 年全省、省辖流域用水结构详见图 3-6。

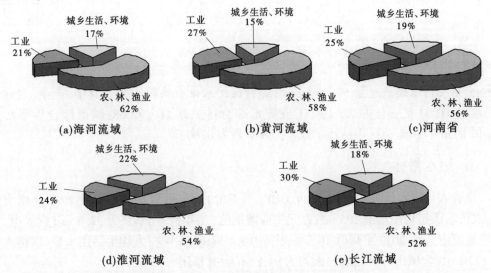

图 3-6   2013 年全省、省辖流域用水结构图

省辖海河流域用水量 40.95 亿 m³,占全省总用水量的 17.0%;黄河流域 55.54 亿 m³,占全省总用水量的 23.1%;淮河流域 120.12 亿 m³,占全省总用水量的 49.9%;长江流域用水量 23.96 亿 m³,占全省总用水量的 10.0%。

由于水源条件、产业结构、生活水平和经济发展状况的差异,各省辖市用水量及其结构有所不同。郑州、洛阳、平顶山、焦作、许昌、漯河、三门峡、南阳等市工业用水量相对较大,占其用水总量的比例超过 25%;其他市农、林、渔业用水占比例相对较大,在 60% 以上。2013 年全省各省辖市用水及其结构详见图 3-7。

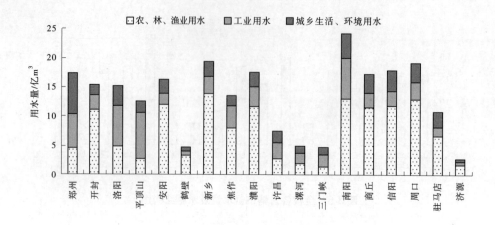

图 3-7　2013 年全省各省辖市用水及其结构图

三、用水消耗量

全省用水消耗总量 133.03 亿 m³,占总用水量的 55.3%。其中,农、林、渔业用水消耗量占全省用水消耗总量的 70.8%,工业用水消耗占 9.5%,城乡生活、环境用水消耗占 19.7%。

四、废污水排放量

全省废污水排放总量 57.75 亿 m³,综合废污水排放系数 0.71。其中,工业(含建筑业)废水 41.64 亿 m³,占 72.1%,工业废水综合排放系数为 0.68;城市综合生活污水 16.10 亿 m³,占 27.9%,生活污水综合排放系数为 0.80。

五、用水指标

全省人均用水量为 256 m³;万元 GDP(当年价)用水量为 62.1 m³,较 2012 年略有降低;农田灌溉亩均用水量 195 m³;万元工业增加值(当年价)用水量为 32.5 m³(含火电,不含直流发电),比 2012 年降低 16.7%,比 2010 年降低 25.4%;人均生活用水量,城镇人均为 172 L/d(含城市环境),农村人均为 91 L/d(含牲畜用水)。

人均用水量大于 300 m³ 的有开封、安阳、新乡、焦作、濮阳和济源等 6 市,其中濮阳市最大,为 488 m³,其次焦作市 384 m³,济源市 367 m³;郑州、平顶山、许昌、漯河、驻马店 5 市小于 200 m³。万元 GDP 用水量最大的市是濮阳市,为 154.7 m³,郑州、洛阳、许昌、三门峡等市均小于 50 m³,其中郑州市最小为 28 m³。2013 年全省各省辖市用水指标详见图 3-8。

全省 2003—2013 年各项用水指标变化情况见图 3-9。近几年,全省生活用水总量总体呈缓慢增长趋势,全省万元工业增加值用水量指标均呈逐年下降趋势,全省万元 GDP 用水量指标受农业用水量增加影响比 2012 年略有增加。

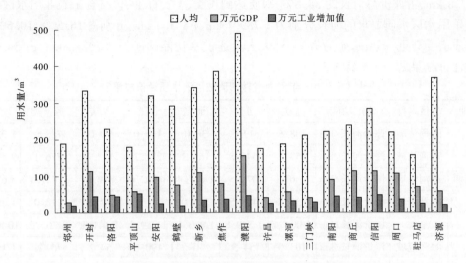

图 3-8 2013 年全省各省辖市用水指标图

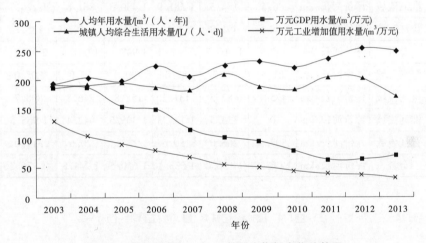

图 3-9 河南省 2003—2013 年用水指标变化趋势图

第四节 水污染概况

一、河流水质

(一)全省河流水质监测评价

2013 年监测和评价了 134 条河流的 457 个水功能区,包括 13 个省界缓冲区和 444 个省内功能区。11 个功能区全年断流不进行统计,全年期共评价水功能区 446 个,评价河流长度 10 830.2 km。采用《地表水环境质量标准》(GB 3838—2002)分全年期、汛期、非汛期进行水质评价分析。

全年期评价结果:全省水质达到和优于Ⅲ类标准,符合饮用水源区水质要求的河长达

4 197.8 km,占评价总河长的 38.8%;水质达到Ⅳ类、Ⅴ类标准,仅符合工农业用水区及环境娱乐用水区水质要求的河长分别为 1 789.1 km、1 141.1 km,分别占 16.5 %、10.5%;河流水质遭受严重污染,水质为劣Ⅴ类,失去上述供水功能的河长 3 702.2 km,占 34.2%。水质评价结果见表 3-5 及图 3-10。

表 3-5　2013 年河南省辖四流域河流水质评价成果表

水期	分区名称	水质功能	Ⅰ类	Ⅱ类	Ⅲ类	Ⅳ类	Ⅴ类	劣Ⅴ类	合计
全年期	海河流域	评价河长/km	108.5	49.0	36.0	160.0	99.0	782.0	1 234.5
	黄河流域	评价河长/km	559.1	545.8	167.2	271.2	122.4	876.1	2 541.8
	淮河流域	评价河长/km	0	276.5	1 427.4	1 302.6	832.6	1 831.1	5 670.2
	长江流域	评价河长/km	336.8	478.5	213.0	55.3	87.1	213.0	1 383.7
	全省	评价河长/km	1 004.4	1 349.8	1 843.6	1 789.1	1 141.1	3 702.2	10 830.2
汛期	海河流域	评价河长/km	103.0	54.5	0	190.0	54.2	764.4	1 166.1
	黄河流域	评价河长/km	504.1	572.9	228.1	224.7	145.4	827.2	2 502.4
	淮河流域	评价河长/km	86.5	184.5	1 581.9	1 450.3	861.8	1 226.7	5 391.7
	长江流域	评价河长/km	138.5	491.8	535.1	82.5	0	135.8	1 383.7
	全省	评价河长/km	832.1	1 303.7	2 345.1	1 947.5	1 061.4	2 954.1	10 443.9
非汛期	海河流域	评价河长/km	81.5	49.0	88.0	100.0	32.0	805.0	1 155.5
	黄河流域	评价河长/km	475.1	487.5	131.2	152.8	246.8	898.7	2 392.1
	淮河流域	评价河长/km	0	333.5	1 133.3	1 305.5	942.4	1 955.5	5 670.2
	长江流域	评价河长/km	507.3	266.0	180.6	92.2	20.6	317.0	1 383.7
	全省	评价河长/km	1 063.9	1 136.0	1 533.1	1 650.5	1 241.8	3 976.2	10 601.5

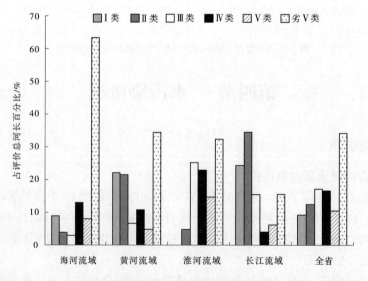

图 3-10　2013 年河南省辖四流域地表水资源质量类别图(占评价总河长%)

汛期评价结果：全省水质达到和优于Ⅲ类标准，符合饮用水源区水质要求的河长4 480.9 km，占评价总河长的42.9%；水质达到Ⅳ类、Ⅴ类标准，仅符合工农业用水区、环境娱乐用水区水质要求的河长分别为1 947.5 km、1 061.4 km，分别占18.6%和10.2%；河流水质遭受严重污染，水质为劣Ⅴ类，失去上述供水功能的河长2 954.1 km，占28.3%。

非汛期评价结果：全省水质达到和优于Ⅲ类标准，符合饮用水源区水质要求的河长3 733.0 km，占评价总河长的35.2%；水质达到Ⅳ类、Ⅴ类标准，仅符合工农业用水区及环境娱乐用水区水质要求的河长分别为1 650.5 km和1 241.8 km，分别占15.6%和11.7%；河流水质遭受严重污染，水质为劣Ⅴ类，失去上述供水功能的河长3 976.2 km，占37.5%。

（二）流域分区河流水质监测评价

1. 海河流域

监测评价24条河流，63个水功能区，总评价河长1 234.5 km。全年期水质达到和优于Ⅲ类标准，符合饮用水源区水质要求的河长为193.5 km，仅占本流域评价河长的15.7%；河流水质遭受严重污染，水质为劣Ⅴ类的河长为782.0 km，占本流域评价河长的63.3%。汛期和非汛期达到和优于Ⅲ类标准，符合饮用水源区水质要求的河长分别为157.5 km和218.5 km；遭受严重污染，水质为劣Ⅴ类的河长分别为764.4 km和805 km。

2. 黄河流域

监测评价39条河流，113个水功能区，共涉及4个水功能区，总评价河长达2 541.8 km。全年期水质达到和优于Ⅲ类标准，符合饮用水源区水质要求的河长为1 272.1 km，占本流域评价河长的50.0%；河流水质遭受严重污染，水质为劣Ⅴ类的河长为876.1 km，占本流域评价河长的34.5%。汛期和非汛期水质达到和优于Ⅲ类标准，符合饮用水源区水质要求的河长分别为1 305.1 km和1 093.8 km；遭受严重污染，水质为劣Ⅴ类的河长分别为827.2 km和898.7 km。

3. 淮河流域

监测评价61条河流，242个水功能区，总评价河长5 670.2 km。全年期水质达到和优于Ⅲ类标准，符合饮用水源区水质要求的河长为1 703.9 km，占本流域评价河长的30.0%；遭受严重污染，水质为劣Ⅴ类的河长1 831.1 km，占本流域评价河长的32.3%。汛期和非汛期水质达到和优于Ⅲ类标准，符合饮用水源区水质要求的河长分别为1 852.9 km和1 466.8 km；遭受严重污染，水质为劣Ⅴ类的河长分别为1 226.7 km和1 955.5 km。

4. 长江流域

监测评价10条河流，39个水功能区，总评价河长1 383.7 km。全年期水质达到和优于Ⅲ类标准，符合饮用水源区水质要求的河长为1 028.3 km，占本流域评价河长的74.3%；遭受严重污染，水质为劣Ⅴ类的河长为213.0 km，占本流域评价河长的15.4%。汛期和非汛期水质达到和优于Ⅲ类标准，符合饮用水源区水质要求的河长分别为1 165.4 km和953.9 km；遭受严重污染，水质为劣Ⅴ类的河长分别为135.8 km和317.0 km。

二、水库水质

2013 年对全省 35 座大中型水库水质进行监测,依据《地表水环境质量标准》(GB 3838—2002)进行评价。其中,海河流域 8 座,黄河流域 5 座,淮河流域 19 座,长江流域 3 座。

有 24 座水库水质达到和优于Ⅲ类标准,符合地表水饮用水源区水质要求,占评价水库总数的 68.6%,分别是宝泉、塔岗、盘石头、南湾、石山口、泼河、板桥、薄山、鲇鱼山、白沙、昭平台、白龟山、孤石滩、石门、窄口、陆浑、故县、鸭河口、赵湾、五岳、石漫滩、群英、彰武、宋家场水库;有 11 座水库水质劣于Ⅲ类标准,不符合地表水饮用水源区水质要求,占评价水库总数的 31.4%,分别是宿鸭湖水库、尖岗水库、李湾水库、南海水库、后寺河水库、丁店水库、楚楼水库、坞罗水库、汤河水库、佛尔岗水库和河王水库。其中,河王水库、汤河水库地表水受到严重污染,水质为劣Ⅴ类。河南省水库水质类别比例见图 3-11。

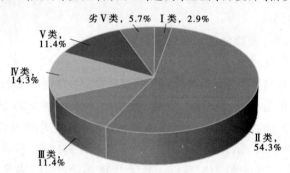

图 3-11　2013 年河南省水库水质类别图
(占评价水库总数%)

三、地下水水质

2013 年全省共监测地下水井 194 眼。依据《地下水质量标准》(GB/T 14848—93),采用"地下水单组份评价"方法进行水质评价。评价结果显示:其中 61 眼井水质达到地下水质量Ⅲ类标准,占总监测井数的 31.4%;67 眼井达到地下水质量Ⅳ类标准,占总监测井数的 34.5%;66 眼井达到地下水质量Ⅴ类标准,占总监测井数的 34.0%,主要超标项目为总硬度、亚硝酸盐氮、氨氮等。

四、水功能区水质状况

2013 年全省涉及 164 个水功能区列入"全国重要江河湖泊水功能区近期达标评价名录",其中省界缓冲区 23 个,饮用水源区 23 个,保护区 15 个,保留区 8 个,工业用水区 2 个,过渡区 18 个,景观娱乐用水区 14 个,农业用水区 52 个,渔业用水区 5 个,排污控制区 3 个,调水水源地保护区 1 个。按照国家实行最严格水资源管理制度考核有关要求进行评价,其中有 71 个功能区达标,河南省 2013 年度水功能区达标率为 43.3%。

按照水功能区分类进行评价:省界缓冲区达标率为 18.2%,饮用水源区达标率为 65.2%,保护区达标率为 80.0%,保留区达标率为 37.5%,工业用水区达标率为 50.0%,过渡区达标率为 50.0%,景观娱乐用水区达标率为 35.7%,农业用水区达标率为 32.7%,渔业用水区达标率为 100%,排污控制区均不达标。2013 年河南省各类水功能区达标率情况见图 3-12。

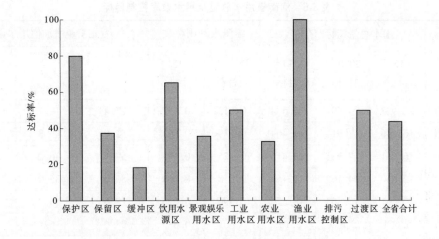

图3-12　2013年河南省各类水功能区达标率图

第五节　水资源管理

一、实行最严格水资源管理制度

2013年1月2日,国务院办公厅下发《关于印发实行最严格水资源管理制度考核办法的通知》(国办发〔2013〕2号),向全社会公布了《实行最严格水资源管理制度考核办法》,明确指出,国务院将对各省、自治区、直辖市实行最严格水资源管理制度落实情况进行考核,水利部会同有关部门成立考核组。考核结果将作为干部主管部门对各省、自治区、直辖市人民政府主要负责人和领导班子综合考核评价的重要依据。

为贯彻落实国发〔2012〕2号和国办发〔2013〕2号文件精神,2013年12月25日,河南省人民政府下发《关于实行最严格水资源管理制度的实施意见》(豫政〔2013〕69号),对河南省实行最严格水资源管理制度提出了总体要求,即用水总量控制目标:2015年260亿m³,2020年282.15亿m³,2030年302.78亿m³;用水效率控制目标:2015年万元工业增加值用水量比2010年下降35%,农田灌溉水有效利用系数达到0.6,2020年用水效率进一步提高,2030年用水效率达到或接近全国先进水平;重要江河湖泊水功能区水质达标率控制目标:2015年达标率提高到56%以上,2020年达标率提高到75%以上,江河湖库生态明显改善,城镇供水水源地水质全面达标,2030年达标率提高到95%以上,主要污染物入河总量控制在水功能区纳污能力范围内。

2013年12月25日,河南省人民政府办公厅下发《关于印发实行最严格水资源管理制度考核办法的通知》(豫政办〔2013〕104号),提出了实现河南省用水总量控制、用水效率控制、水功能区限制纳污等"三条红线"管理指标的总体目标,细化制定了各省辖市的主要考核目标(详见表3-6及表3-7)和具体考核办法,对各市水资源管理责任、考核等制度建设和相应措施的落实情况进行考核。

表 3-6　河南省用水总量及用水效率控制目标

行政区	用水总量指标/亿 m³			灌溉水利用系数		万元工业增加值用水量		
	2015 年目标	2020 年目标	2030 年目标	2010 年状况	2015 年目标	2010 年状况/(m³/万元)	2015 年目标/(m³/万元)	比 2010 年下降/%
郑州市	22.923	24.501	27.534	0.615	0.652	27.4	18.7	32
开封市	16.646	17.914	19.407	0.539	0.567	52.0	33.3	36
洛阳市	16.861	17.981	18.416	0.525	0.557	57.4	36.2	37
平顶山市	12.050	14.169	15.169	0.538	0.569	56.0	35.9	36
安阳市	17.261	17.363	18.576	0.596	0.626	28.6	19.4	32
鹤壁市	5.664	5.682	6.108	0.663	0.685	23.6	16.5	30
新乡市	21.047	21.510	22.408	0.539	0.567	49.4	31.6	36
焦作市	14.701	14.856	15.662	0.608	0.638	48.8	31.3	36
濮阳市	16.098	16.354	17.109	0.506	0.536	57.1	36.0	37
许昌市	9.437	10.694	11.646	0.613	0.645	34.4	23.0	33
漯河市	4.891	5.607	6.084	0.648	0.676	41.8	27.6	34
三门峡市	4.891	5.096	5.251	0.577	0.606	36.6	24.2	34
南阳市	28.055	30.457	31.935	0.520	0.556	85.9	52.4	39
商丘市	15.032	16.354	17.566	0.617	0.648	45.1	29.7	34
信阳市	18.367	21.674	24.481	0.475	0.503	72.0	44.6	38
周口市	20.173	22.064	23.388	0.603	0.631	56.4	36.1	36
驻马店市	11.109	12.921	14.036	0.592	0.620	30.0	20.1	33
济源市	2.796	2.955	3.003	0.552	0.583	26.6	18.3	31
全省	258.0	278.15	297.78	0.570	0.600	46.1	29.9	35

表 3-7　河南省重要河流湖泊水功能区达标控制目标

行政区	纳入考核功能区个数/个	现状达标情况（双指标）		2015 年达标目标		2020 年达标目标		2030 年达标目标	
		达标个数/个	达标率/%	达标个数/个	达标率/%	达标个数/个	达标率/%	达标个数/个	达标率/%
郑州市	9	2	22.2	3	33.3	5	55.6	7	77.8
开封市	7	1	14.3	3	42.9	4	57.1	6	85.7
洛阳市	17	12	70.6	14	82.4	15	88.2	16	94.1
平顶山市	6	4	66.7	4	66.7	4	66.7	5	83.3
安阳市	3	0	0	1	33.3	1	33.3	3	100.0

续表 3-7

行政区	纳入考核功能区个数/个	现状达标情况（双指标）		2015 年达标目标		2020 年达标目标		2030 年达标目标	
		达标个数/个	达标率/%	达标个数/个	达标率/%	达标个数/个	达标率/%	达标个数/个	达标率/%
鹤壁市	4	0	0	2	50.0	3	75.0	4	100.0
新乡市	8	1	12.5	3	37.5	4	50.0	7	87.5
焦作市	10	1	10.0	3	30.0	6	60.0	10	100.0
濮阳市	8	1	12.5	2	25.0	6	75.0	8	100.0
许昌市	9	5	55.6	5	55.6	6	66.7	9	100.0
漯河市	5	4	80.0	4	80.0	4	80.0	5	100.0
三门峡市	7	5	71.4	5	71.4	7	100.0	7	100.0
南阳市	27	12	44.4	16	59.3	24	88.9	26	96.3
商丘市	18	3	16.7	5	27.8	11	61.1	17	94.4
信阳市	12	8	66.7	11	91.7	12	100.0	12	100.0
周口市	17	4	23.5	11	64.7	13	76.5	16	94.1
驻马店市	13	4	30.8	10	76.9	13	100.0	13	100.0
济源市	6	3	50.0	4	66.7	5	83.3	6	100.0
合计	186	70	37.6	106	57.0	143	76.9	177	95.2

二、水生态文明建设

根据国家统一部署,结合河南省委、省政府提出的打造富强河南、文明河南、平安河南、美丽河南的"四个河南"总要求,积极开展水生态文明建设。郑州市、南阳市、许昌市被确定为国家级水生态文明试点城市,通过了水利部和省政府的审查批准;安阳市、南阳市、焦作市、鹤壁市 4 市被确定为省级水生态文明试点城市。

三、水资源管理系统建设

截至 2013 年底,落实系统建设投资 7 888 万元,水资源实时监控信息实现与国家平台的互联互通。全年建设国控取水户监测站 252 处、省控取水户监测站 410 处,累计已建成国控、省控监测站 822 处;购置水质化验室设备 41 台(套),水质监测能力得到大幅提升;完成省、市、直管县、县(区)的平台基础设施(包括服务器、网络设备、操作系统、数据库等)建设,监测系统平台已具备三级通用软件、集成软件、信息服务、调度决策系统、应用会商系统的开发与部署环境;开通了专用通信光纤;开发了省级取水许可、水资源费征收业务管理软件。

四、节水型社会建设

5 个国家级节水型社会建设试点中,郑州、洛阳、济源、安阳 4 市顺利通过水利部组织的检查验收,平顶山市完成了中期评估。组织开展了节水创建工作,累计命名了 131 家省级节水型企业(单位)、社区和灌区。对《河南省用水定额》进行了第三次修订完善。2013年度实施计划管理用水户 19 665 户,计划管理水量 13.3 亿 m^3。

五、水利法制工作

配合河南省政府法制办开展了《河南省实施〈中华人民共和国水土保持法〉办法》立法调研工作。继续加强规范性文件审查、行政审批事项清理,审查规范性文件 50 余份,清理行政审批 17 项、行政性审批 76 项。继续推进服务型行政执法建设,组织开展了河湖专项执法检查活动,查处水事违法案件 1 238 起。

六、水权交易试点工作

选择水资源需求比较强烈、基础条件较好的南水北调中线工程沿线区域,组织开展了水权交易试点研究工作,计划用 2~3 年时间完成试点任务,为全省建立水资源产权制度和水权交易制度进行积极探索。

第四章 2014年河南省水资源公报

2014年全省平均降水量725.9 mm,折合降水总量1 201.598亿 m³,较2013年偏多25.9%,较多年平均偏少5.9%,属平水年份。全省汛期6—9月降水量434.0 mm,占全年的59.8%,较多年均值偏少11.0%。

2014年全省水资源总量为283.37亿 m³,其中地表水资源量177.44亿 m³,地下水资源量166.84亿 m³,重复计算量60.91亿 m³。全省水资源总量比多年均值偏少29.8%,比2013年增加31.7%。全省平均产水模数17.1万 m³/km²,产水系数0.24。

2014年全省大中型水库年末蓄水总量45.95亿 m³,比年初增加9.70亿 m³。其中,大型水库37.16亿 m³,中型水库8.79亿 m³。

2014年末全省平原区浅层地下水位与2013年同期相比普遍上升,平均上升0.25 m,浅层地下水储存量比上年同期增加8.06亿 m³;平原区浅层地下水漏斗区总面积达7 900 km²。

2014年全省总供水量209.29亿 m³,其中地表水源供水量88.62亿 m³,地下水源供水量119.38亿 m³,集雨及其他工程供水量1.29亿 m³。

2014年全省各行业总用水量209.29亿 m³。其中,农、林、渔业用水112.70亿 m³(农田灌溉104.27亿 m³),工业用水52.60亿 m³,城乡生活、环境用水44.1亿 m³(城市生活、环境用水27.14亿 m³)。

2014年全省人均用水量为224 m³;万元GDP(当年价)用水量为48 m³,较2013年降低23%;农田灌溉亩均用水量156 m³;万元工业增加值(当年价)用水量为30 m³(含火电);人均生活综合用水量,城镇人均162 L/d(含城市环境),农村人均90 L/d(含牲畜用水)。

全省对列入《全国重要江河湖泊水功能区划登记表》中河南省监测的209个水功能区,对应222个水质监测断面,涉及39条重要河流进行水质评价,评价河流河长4 865.3 km。全年期评价结果:水质达到和优于Ⅲ类标准的河长2 124.9 km,占总河长的43.7%;水质为Ⅳ类的河长608.3 km,占总河长的12.5%;水质为Ⅴ类的河长454.0 km,占总河长的9.3%;水质为劣Ⅴ类的河长为1 514.8 km,占总河长的31.8%,断流河长129.2 km,占总河长的2.7%。

全省涉及164个水功能区列入"全国重要江河湖泊水功能区近期达标评价名录",按照国家实行最严格水资源管理制度考核有关要求进行评价,其中93个功能区达标,水功能区达标率为56.7%,较2013年的43.8%有较大提高。

对全省11座大中型水库水质进行监测评价,无水库水质达到Ⅰ类标准;水质达到Ⅱ类标准的水库5个,占评价总数的45.5%;水质达到Ⅲ类标准的水库5个,占评价总数的45.5%;无水质为Ⅳ类和Ⅴ类的水库;水质为劣Ⅴ类的只有宿鸭湖水库,超标项目为总磷和高锰酸盐指数。

对全省 221 眼地下水监测井进行水质评价,其中 16 眼井达到地下水质量Ⅲ类标准,占总监测井数的 7.2%;85 眼井达到地下水Ⅳ类标准,占总监测井数的 38.5%;120 眼井达到地下水 V 类标准,占总监测井数的 54.3%。

第一节　水资源量

一、降水量

2014 年全省年降水量 725.9 mm,折合降水总量 1 201.598 亿 m³,较 2013 年增加 25.9%,较多年均值偏少 5.9%,属平水年份。

全省汛期 6—9 月降水量 434.0 mm,占全年降水量的 59.8%,较多年均值偏少 11.0%;非汛期降水量 291.9 mm,占全年降水量的 40.2%,与多年均值基本持平。

省辖海河流域年降水量 541.9 mm,比多年均值偏少 11.1%;黄河流域 645.7 mm,比多年均值偏多 2.0%;淮河流域 793.6 mm,比多年均值偏少 5.7%;长江流域 721.1 mm,比多年均值偏少 12.3%。

18 个省辖市年降水量较多年均值偏少的有 14 个市,其中平顶山市、许昌市、鹤壁市偏少幅度较大,分别为 20.2%、19.8% 和 18.5%;其余 11 市偏少幅度均在 10% 左右,周口市最小,为 1.1%。较多年均值偏多的有洛阳、三门峡、驻马店和济源 4 个市,偏多一般在 10% 以下。

2014 年河南省各省辖市、省辖流域降水量与 2013 年、多年均值比较详见表 4-1 及图 4-1。

表 4-1　2014 年各省辖市、省辖流域降水量表

分区名称	年降水量/mm	与 2013 年比较/%	与多年均值比较/%
郑州市	533.2	36.8	-14.8
开封市	561.1	43.5	-14.8
洛阳市	702.2	39.8	4.1
平顶山市	653.0	10.6	-20.2
安阳市	532.0	12.9	-10.6
鹤壁市	512.7	6.6	-18.5
新乡市	549.9	18.8	-10.1
焦作市	554.0	24.1	-5.9
濮阳市	516.5	16.0	-8.0
许昌市	560.3	19.0	-19.8
漯河市	674.9	-7.2	-12.6

续表 4-1

分区名称	年降水量/mm	与 2013 年比较/%	与多年均值比较/%
三门峡市	705.0	40.2	4.4
南阳市	725.0	21.7	−12.3
商丘市	635.8	10.1	−12.1
信阳市	1 075.9	33.7	−2.7
周口市	743.9	17.5	−1.1
驻马店市	970.3	35.4	8.2
济源市	699.3	48.1	4.6
全省	725.9	25.9	−5.9
海河	541.9	12.0	−11.1
黄河	645.7	38.5	2.0
淮河	793.6	25.0	−5.7
长江	721.1	22.3	−12.3

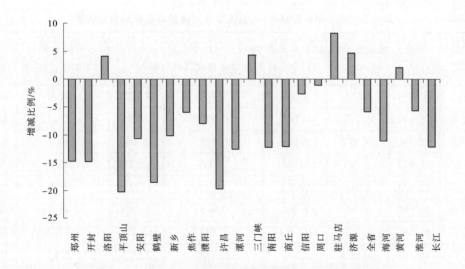

图 4-1　2014 年各省辖市、省辖流域降水量与多年均值比较图

二、地表水资源量

2014 年全省地表水资源量 177.4 亿 m^3，折合径流深 107.2mm，比多年均值 304.0 亿 m^3 偏少 41.6%，比上年度偏多 44.1%。

省辖海河流域地表水资源量114.40亿 m³,比多年均值减少35.8%;黄河流域31.37亿 m³,比多年均值减少20.2%;淮河流域24.14亿 m³,比多年均值减少62.5%;长江流域7.54亿 m³,比多年均值减少53.9%。

豫北、豫东平原区、豫南史河区比多年均值偏少幅度小于30%;其他区域偏少幅度大于30%,其中海河流域漳卫河山区、淮河流域沙颍河山区、长江流域唐白河水系比多年均值偏少幅度均超过50%。

全省18个省辖市地表水资源量较多年均值均有不同程度减少。鹤壁、安阳、南阳、平顶山、郑州和漯河等市减幅超过50%;仅有信阳、焦作、开封、三门峡4市减幅不足30%。

2014年全省入境水量265.08亿 m³,其中黄河流域入境245.33亿 m³(黄河干流三门峡以上入境水量230.6亿 m³),淮河流域入境8.54亿 m³,长江流域入境9.48亿 m³,海河流域入境1.73亿 m³。全省出境水量344.35亿 m³,其中黄河流域出境水量222.75亿 m³,淮河流域出境88.21亿 m³,长江流域出境27.50亿 m³,海河流域出境5.89亿 m³。

三、地下水资源量

2014年全省地下水资源量166.84亿 m³,地下水资源模数平均10.1万 m³/km²。其中,山丘区57.55亿 m³,平原区121.84亿 m³,平原区与山丘区重复计算量12.55亿 m³。全省地下水资源量比多年均值减少14.9%,比2013年增加13.4%。省辖海河、黄河、淮河、长江流域地下水资源量分别为19.15亿 m³、29.85亿 m³、99.49亿 m³、18.35亿 m³。2014年全省各省辖市、省辖流域地下水资源量详见表4-2。

表4-2　2014年各省辖市、省辖流域水资源量与多年均值比较表

分区名称	降水量/亿 m³	地表水资源量/亿 m³	地下水资源量/亿 m³	地表水与地下水资源重复量/亿 m³	水资源总量/亿 m³	水资源总量与多年均值比较/%	产水系数
郑州市	40.170	3.555	6.662	2.302	7.915	−40.0	0.20
开封市	35.134	3.513	6.612	0.970	9.155	−20.2	0.26
洛阳市	106.945	14.892	9.981	6.828	18.045	−36.5	0.17
平顶山市	51.645	6.799	5.284	2.006	10.078	−45.0	0.20
安阳市	39.123	2.911	8.003	1.690	9.224	−29.2	0.24
鹤壁市	10.957	0.760	2.066	0.445	2.381	−35.7	0.22
新乡市	45.363	4.048	10.504	2.343	12.208	−18.0	0.27
焦作市	22.165	3.157	5.344	0.792	7.709	2.1	0.35
濮阳市	21.633	1.132	4.785	1.605	4.312	−24.1	0.20
许昌市	27.894	2.295	4.469	0.807	5.957	−32.3	0.21
漯河市	18.181	1.589	3.168	0.229	4.528	−29.3	0.25
三门峡市	70.054	14.357	5.719	4.536	15.540	−4.0	0.22
南阳市	192.190	22.789	15.804	5.503	33.089	−51.6	0.17

续表 4-2

分区名称	降水量/亿 m³	地表水资源量/亿 m³	地下水资源量/亿 m³	地表水与地下水资源重复量/亿 m³	水资源总量/亿 m³	水资源总量与多年均值比较/%	产水系数
商丘市	68.036	4.020	11.126	0.331	14.816	−25.2	0.22
信阳市	203.437	58.574	23.523	16.755	65.342	−26.2	0.32
周口市	88.961	8.049	17.120	3.007	22.162	−16.2	0.25
驻马店市	146.467	23.360	24.641	9.570	38.431	−22.3	0.26
济源市	13.245	1.634	2.030	1.189	2.476	−20.4	0.19
全省	1 201.598	177.435	166.840	60.908	283.367	−29.8	0.24
海河	75.376	7.539	19.155	4.533	22.161	−19.8	0.27
黄河	233.508	31.369	29.849	14.406	46.812	−20.0	0.20
淮河	685.904	114.389	99.486	34.145	179.730	−27.0	0.26
长江	199.089	24.138	18.350	7.825	34.664	−51.4	0.17

四、水资源总量

2014 年全省水资源总量为 283.37 亿 m³,其中,地表水资源量 177.44 亿 m³,地下水资源量 166.84 亿 m³,重复计算量 60.91 亿 m³。全省水资源总量比多年均值偏少 29.8%,比 2013 年增加 31.7%。产水模数为 17.1 万 m³/km²,产水系数为 0.24。

省辖海河、黄河、淮河、长江流域水资源总量分别为 22.16 亿 m³、46.81 亿 m³、179.73 亿 m³、34.66 亿 m³。与多年均值相比,海河流域减少 19.8%,黄河流域减少 20.0%,淮河流域减少 27.0%,长江流域减少 51.4%,各流域水资源总量占比见图 4-2。

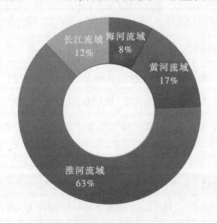

图 4-2　2014 年河南省流域分区水资源总量及其组成图

与多年均值比较,除焦作市略有增加外,其他各省辖市水资源总量普遍有所减少。其中,南阳市减幅最大达 51.6%,平顶山市、郑州市减幅在 40% 以上,洛阳市、鹤壁市、许昌市减幅在 30%~40%,其他市减幅大多在 20%~30%,各市水资源总量与多年均值比较见图 4-3。

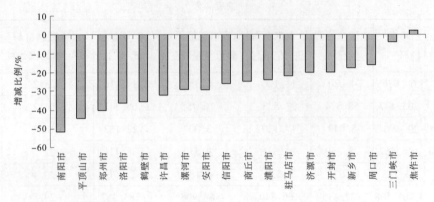

图 4-3　2014 年水资源总量与多年平均值比较图

第二节　蓄水动态

一、大中型水库

2014 年全省 22 座大型水库和 104 座中型水库年末蓄水总量 45.95 亿 m³,比年初增加 9.70 亿 m³。其中,大型水库 37.16 亿 m³,比年初增加 8.28 亿 m³;中型水库 8.79 亿 m³,比年初增加 1.42 亿 m³。

淮河流域大中型水库年末蓄水总量 26.71 亿 m³,比年初增加 8.76 亿 m³;黄河流域 11.93 亿 m³,比年初增加 2.69 亿 m³;长江流域 4.49 亿 m³,比年初减少 1.10 亿 m³;海河流域 2.82 亿 m³,比年初减少 0.66 亿 m³。

全省大型水库 2014 年末蓄水情况详见表 4-3。

表 4-3　2014 年末全省各大型水库蓄水情况表　　　　　单位:亿 m³

水库		小南海	盘石头	窄口	陆浑	故县	南湾	石山口	泼河	五岳	鲇鱼山	宿鸭湖	板桥
蓄水量	年初	0.205	1.623	0.776	3.109	4.550	2.220	0.376	0.517	0.204	2.100	1.860	1.790
	年末	0.185	1.193	0.891	4.455	5.580	3.170	0.839	1.110	0.496	4.480	2.199	2.202
蓄水变量		-0.021	-0.429	0.115	1.347	1.030	0.950	0.463	0.592	0.292	2.380	0.339	0.412

水库		薄山	石漫滩	昭平台	白龟山	孤石滩	燕山	白沙	宋家场	鸭河口	赵湾	全省
蓄水量	年初	1.459	0.654	0.709	1.180	0.148	1.230	0.504	0.415	3.183	0.075	28.887
	年末	2.411	0.732	1.374	1.476	0.297	1.786	0.178	0.763	1.282	0.065	37.163
蓄水变量		0.952	0.077	0.665	0.296	0.149	0.556	-0.326	0.348	-1.901	-0.010	8.276

二、浅层地下水动态

全省平原区 2014 年末浅层地下水位与 2013 年同期相比普遍上升,平均上升 0.25 m,

浅层地下水储存量比上年同期增加 8.06 亿 m^3。其中,淮河流域平均上升 0.41 m,储存量增加 8.68 亿 m^3;长江流域平均上升 1.14 m,储存量增加 2.55 亿 m^3;海河流域平均下降 0.78 m,储存量减少 2.82 亿 m^3;黄河流域平均下降 0.07m,储存量减少 0.35 亿 m^3。1980 年以来浅层地下水储存量累计减少 96.2 亿 m^3,其中海河流域减少 34.0 亿 m^3,黄河流域减少 23.3 亿 m^3,淮河流域减少 32.1 亿 m^3,长江流域减少 6.8 亿 m^3。1980 年以来河南省各省辖流域浅层地下水储存量变化情况见图 4-4。

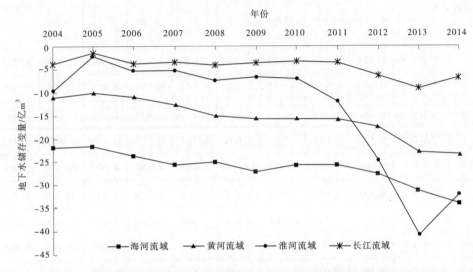

图 4-4　1980 年以来平原区浅层地下水储存量累计变化图

全省平原区浅层地下水漏斗区 2014 年末总面积达 7 900 km^2,占平原区总面积的 9.3%,比 2013 年同期增加 185 km^2。其中,安阳-鹤壁-濮阳漏斗区面积为 7 000 km^2,漏斗中心水位埋深 41.92 m;武陟-温县-孟州漏斗区面积 800 km^2,漏斗中心水位埋深 25.70 m;新乡凤泉-小冀漏斗区面积 100 km^2,漏斗中心水位埋深 17.20 m。

第三节　供用水量

一、供水量

2014 年全省总供水量 209.29 亿 m^3,其中地表水源供水量 88.62 亿 m^3,占总供水量的 42.4%;地下水源供水量 119.38 亿 m^3,占总供水量的 57.0%;集雨及其他工程供水 1.29 亿 m^3,占总供水量的 0.6%。在地表水开发利用中,引用入过境水量 41.36 亿 m^3(含引黄河干流水量 32.18 亿 m^3),其中四大流域间相互调水 19.11 亿 m^3。在地下水源利用中,开采浅层地下水 114.51 亿 m^3,中深层地下水 4.87 亿 m^3。

省辖海河流域供水量 35.30 亿 m^3,占全省总供水量的 16.9%;黄河流域 49.58 亿 m^3,占全省总供水量的 23.7%;淮河流域 102.10 亿 m^3,占全省总供水量的 48.8%;长江流域供水量 22.30 亿 m^3,占全省总供水量的 10.6%。

郑州、开封、焦作、新乡、安阳、鹤壁、许昌、漯河、商丘、周口、驻马店、南阳等市以地下水源供水为主,地下水源占其总供水量的50%以上,周口市最高,达84%;其他市则以地表水源供水为主,地表水源占其总供水量的50%以上,信阳市最高达89.7%。2014年全省各省辖市、省辖流域用水量详见表4-4,全省各省辖市供水量及水源结构见图4-5。

表4-4　2014年各省辖市、省辖流域供水量、用水量、耗水量表　　　　单位:亿 m³

分区名称		供水量				用水量				耗水量
		地表水	地下水	其他	合计	农、林、渔业	工业	城乡生活、环境	合计	
郑州市	全市	7.418	9.583	0.843	17.844	4.839	5.610	7.395	17.844	8.253
	其中巩义	0.653	0.816	0.052	1.520	0.311	0.755	0.454	1.520	0.633
开封市	全市	6.202	7.362		13.564	9.235	2.430	1.899	13.564	7.648
	其中兰考	0.593	1.077		1.669	1.184	0.320	0.165	1.669	0.977
洛阳市		8.161	6.260	0.150	14.570	4.897	5.624	4.049	14.570	7.062
平顶山	全市	6.857	3.641	0.018	10.516	2.653	6.305	1.559	10.516	3.362
	其中汝州	0.522	1.381	0.018	1.921	1.036	0.526	0.359	1.926	1.086
安阳	全市	3.254	10.866		14.120	9.801	2.008	2.311	14.120	9.905
	其中滑县	0.590	2.604		3.194	2.694	0.178 3	0.322	3.194	2.567
鹤壁市		1.700	3.032		4.732	3.279	0.674	0.780	4.732	3.429
新乡市	全市	7.461	8.859		16.320	11.167	2.673	2.480	16.320	9.889
	其中长垣	1.067	0.615		1.682	1.259	0.087	0.336	1.682	1.129
焦作市		4.896	7.256		12.152	6.965	3.793	1.394	12.152	6.754
濮阳市		8.188	5.050		13.238	8.370	2.850	2.018	13.238	7.202
许昌市		1.193	5.600	0.099	6.892	2.678	2.610	1.604	6.892	3.614
漯河市		0.607	2.745		3.352	1.755	0.747	0.850	3.352	0.958
三门峡市		2.750	1.757	0.041	4.548	1.560	2.101	0.886	4.548	1.942
南阳市	全市	7.036	15.723		22.759	12.224	6.236	4.299	22.759	11.898
	其中邓州	0.391	2.961		3.352	2.256	0.234	0.862	3.352	2.138
商丘市	全市	3.554	9.907	0.040	13.500	8.174	1.945	3.381	13.500	9.616
	其中永城	0.413	2.233		2.646	1.459	0.516	0.671	2.646	1.852

续表 4-4

分区名称		供水量				用水量				耗水量
		地表水	地下水	其他	合计	农、林、渔业	工业	城乡生活、环境	合计	
信阳市	全市	12.954	1.489		14.443	8.894	2.439	3.109	14.443	6.233
	其中固始	2.792	0.279		3.070	2.265	0.300	0.505	3.070	1.368
周口市	全市	2.568	13.440		16.009	10.250	2.703	3.056	16.009	10.030
	其中鹿邑	0.256	1.415		1.671	1.143	0.299	0.229	1.671	1.125
驻马店市	全市	2.659	5.912		8.571	4.916	1.141	2.514	8.571	5.831
	其中新蔡	0.035	0.746		0.781	0.482	0.017	0.282	0.781	0.666
济源市		1.157	0.903	0.100	2.160	1.039	0.711	0.409	2.160	1.421
全省		88.616	119.383	1.291	209.289	112.696	52.598	43.995	209.289	115.048
海河		12.255	23.046		35.301	20.672	8.240	6.389	35.301	21.682
黄河		26.215	22.958	0.413	49.585	27.572	13.400	8.612	49.585	27.026
淮河		43.006	58.217	0.878	102.101	52.834	24.710	24.556	102.101	54.633
长江		7.140	15.162		22.303	11.618	6.248	4.437	22.303	11.707

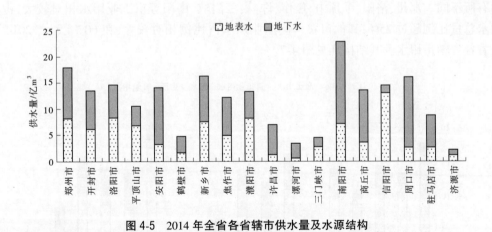

图 4-5 2014 年全省各省辖市供水量及水源结构

二、用水量

2014 年全省各行业总用水量 209.29 亿 m³,其中农、林、渔业用水 112.70 亿 m³(农田灌溉 104.27 亿 m³),占总用水量的 53.8%;工业用水 52.60 亿 m³,占总用水量的 25.1%;城乡生活、环境用水 44.1 亿 m³(城市生活、环境用水 27.14 亿 m³),占总用水量的 21%。

2014 年全省各省辖市、省辖流域各行业用水量详见表 4-4,全省及其省辖流域用水结构详见图 4-6。

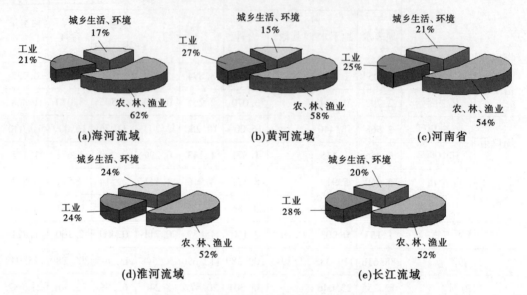

图 4-6　2014 年全省、省辖流域用水结构图

省辖海河流域用水量 35.30 亿 m³,占全省总用水量的 16.8%;黄河流域 49.58 亿 m³,占全省总用水量的 23.7%;淮河流域 102.10 亿 m³,占全省总用水量的 48.8%;长江流域用水量 22.30 亿 m³,占全省总用水量的 10.7%。

由于水源条件、产业结构、生活水平和经济发展状况的差异,各省辖市用水量及其结构有所不同。郑州、洛阳、平顶山、焦作、许昌、三门峡、南阳等市工业用水相对较大,占其用水总量比例超过 25%;其他市农、林、渔业用水占比例相对较大,在 60% 以上。2014 年全省各省辖市用水及其结构详见图 4-7。

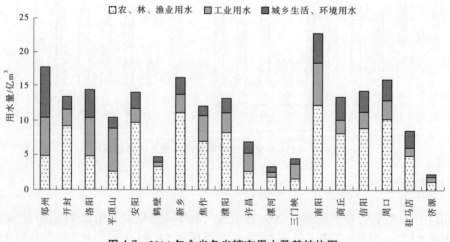

图 4-7　2014 年全省各省辖市用水及其结构图

三、用水消耗量

2014年全省用水消耗总量115.048亿m³,占总用水量的55%。其中,农、林、渔业用水消耗量占全省用水消耗总量的67.1%;工业用水消耗占10.2%,城乡生活、环境用水消耗占22.7%。

四、废污水排放量

2014年全省废污水排放总量52.27亿m³,综合废污水排放系数0.74。其中,工业(含建筑业)废水36.02亿m³,占68.9%,工业废水排放系数为0.73;城市综合生活污水16.25亿m³,占31.1%,生活污水综合排放系数为0.75。

五、用水指标

2014年全省人均用水量为224 m³;万元GDP(当年价)用水量为48 m³,较2013年降低23%;农田灌溉亩均用水量156 m³;万元工业增加值(当年价)用水量为30 m³(含火电);人均生活综合用水量,城镇人均为162 L/d(含城市环境),农村人均为90 L/d(含牲畜用水)。

人均用水量大于300 m³的有焦作、濮阳2市,其中濮阳市最大,为368 m³;其次为焦作市,为345 m³;郑州、许昌、漯河、周口、驻马店等5市人均用水量小于200 m³。万元GDP用水量最大的市是濮阳市,达92 m³;郑州、洛阳、许昌、三门峡、漯河、驻马店、济源等市万元GDP用水量均小于50 m³,其中郑州市最小,为17 m³。2014年全省各省辖市用水指标详见图4-8,2003—2014年全省各项用水指标变化情况见图4-9。

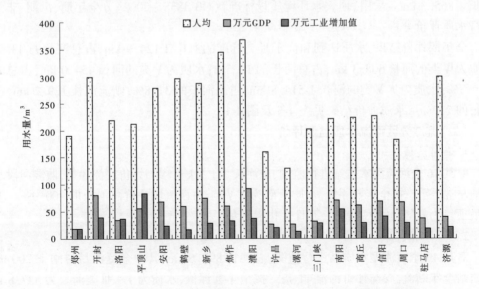

图4-8 2014年全省各省辖市人均、万元GDP、万元工业增加值用水量图

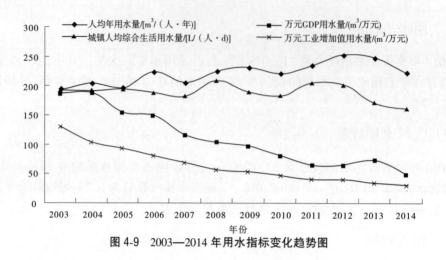

图 4-9　2003—2014 年用水指标变化趋势图

第四节　水体水质

一、河流水质

（一）全省河流水质监测评价

2014 年河南省列入《全国重要江河湖泊水功能区划（2011—2030）》中地表水功能区共有 249 个，包括流域监测 30 个省界缓冲区、8 个黄河干流水功能区和 2 个保护区，以及河南省监测的 209 个其他水功能区，对应水质监测断面 222 个，涉及 39 条重要河流，监测河长 4 865.3 km。采用《地表水环境质量标准》（GB 3838—2002）分全年期、汛期、非汛期进行水质评价分析。

全年期评价结果：水质达到和优于Ⅲ类标准的河长 2 124.9 km，占总河长的 43.7%；水质为Ⅳ类的河长 608.3 km，占总河长的 12.5%；水质为Ⅴ类的河长 454.0 km，占总河长的 9.3%；水质为劣Ⅴ类的河长 1 514.8 km，占总河长的 31.8%；断流河长 129.2 km，占总河长的 2.7%。水质评价结果见表 4-5 及图 4-10。

（二）流域分区河流水质监测评价

1. 海河流域

对其 16 个河流型水质站进行监测，总河长 371.2 km，参与评价河流 3 条，监测河段水体污染非常严重。按全年期评价，水质全部为劣Ⅴ类，占该流域评价总河长的 100.0%。主要污染项目为氨氮、化学需氧量、五日生化需氧量。

2. 黄河流域

对其 49 个河流型水质站进行监测，总河长 897.6 km，其中金堤河吕村闸下 200 m 处水质站全年断流，参与评价河流 11 条。按全年期评价，水质为Ⅰ～Ⅲ类河长为 537.8 km，占该流域评价总河长的 59.9%；水质为Ⅳ类河长 30.0 km，占该流域评价总河长的 3.3%；水质为Ⅴ类河长 56.0 km，占该流域评价总河长的 6.2%；水质为劣Ⅴ类河长 267.8 km，占该流域评价总河长的 29.8%，断流河长 6.0 km，占该流域评价总河长的 0.7%。

表4-5 2014年河南省辖四流域河流水质评价成果表

水期	分区名称	项目	Ⅰ类	Ⅱ类	Ⅲ类	Ⅳ类	Ⅴ类	劣Ⅴ类	断流	合计
全年期	海河流域	河长/km	0	0	0	0	0	371.2	0	371.2
		占比/%	0	0	0	0	0	100.0	0	100.0
	黄河流域	河长/km	0	402.3	135.5	30.0	56.0	267.8	6.0	897.6
		占比/%	0	44.8	15.1	3.3	6.2	29.8	0.7	100.0
	淮河流域	河长/km	0	487.6	679.7	565.3	361.5	751.6	123.2	2968.9
		占比/%	0	16.4	22.9	19.0	12.2	25.3	4.1	100.0
	长江流域	河长/km	189.8	147.5	82.5	13.0	36.5	158.3	0	627.6
		占比/%	30.2	23.5	13.1	2.1	5.8	25.2	0	100.0
	全省	河长/km	189.8	1037.4	897.7	608.3	454.0	1548.9	129.2	4865.3
		占比/%	3.9	21.3	18.5	12.5	9.3	31.8	2.7	100.0
汛期	海河流域	河长/km	0	0	0	0	0	371.2	0	371.2
		占比/%	0	0	0	0	0	100.0	0	100.0
	黄河流域	河长/km	0	372.0	258.9	9.7	38.3	195.2	23.5	897.6
		占比/%	0	41.4	28.8	1.1	4.3	21.7	2.6	100.0
	淮河流域	河长/km	0	262.0	799.7	613.7	486.1	633.2	174.2	2968.9
		占比/%	0	8.8	26.9	20.7	16.4	21.3	5.9	100.0
	长江流域	河长/km	258.0	79.3	95.5	18.7	22.4	153.7	0	627.6
		占比/%	41.1	12.6	15.2	3.0	3.6	24.5	0	100.0
	全省	河长/km	258.0	713.3	1154.1	642.1	546.8	1353.3	197.7	4865.3
		占比/%	5.3	14.7	23.7	13.2	11.2	27.8	4.1	100.0
非汛期	海河流域	河长/km	0	0	0	0	0	292.2	79.0	371.2
		占比/%	0	0	0	0	0	78.7	21.3	100.0
	黄河流域	河长/km	0	385.3	120.8	67.0	4.7	313.8	6.0	897.6
		占比/%	0	42.9	13.5	7.5	0.5	35.0	0.7	100.0
	淮河流域	河长/km	28.0	456.6	651.5	599.5	315.5	794.6	123.2	2968.9
		占比/%	0.9	15.4	21.9	20.2	10.6	26.8	4.1	100.0
	长江流域	河长/km	189.8	147.5	74.5	21.0	36.5	158.3	0	627.6
		占比/%	30.2	23.5	11.9	3.3	5.8	25.2	0	100.0
	全省	河长/km	217.8	989.4	846.8	687.5	356.7	1558.9	208.2	4865.3
		占比/%	4.5	20.3	17.4	14.1	7.3	32.0	4.3	100.0

3. 淮河流域

对其121个河流型水质站进行监测,总河长2968.9km,其中5个水质站断面全年断

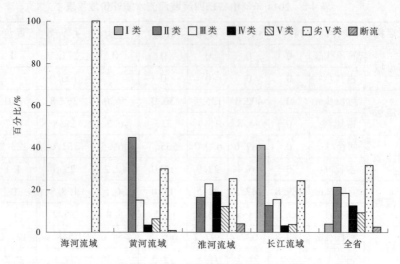

图4-10　2014年河南省辖四流域河流水质类别图（全年期，占评价河长%）

流,参与评价河流21条。按全年期评价,水质为Ⅰ~Ⅲ类河长为1 167.3 km,占该流域评价总河长的39.3%;水质为Ⅳ类河长565.3 km,占该流域评价总河长的19.0%;水质为Ⅴ类河长361.5 km,占该流域评价总河长的12.2%;水质为劣Ⅴ类河长751.6 km,占该流域评价总河长的25.3%;断流河长123.2 km,占该流域评价总河长的4.1%。

4.长江流域

对其25个河流型水质站进行监测,总评价河长627.6 km,参与评价河流4条。按全年期评价,水质为Ⅰ~Ⅲ类河长419.8 km,占该流域评价总河长的66.9%;水质为Ⅳ类河长13.0 km,占该流域评价总河长的2.1%;水质为Ⅴ类河长36.5 km,占该流域评价总河长的5.8%;水质为劣Ⅴ类河长158.3 km,占该流域评价总河长的25.2%。

2014年全省和各省辖流域河流水质类别详见表4-5和图4-10。

二、水功能区达标评价

2014年河南省列入《全国重要江河湖泊水功能区划(2011—2030)》中地表水功能区249个,其中有164个列入《全国重要江河湖泊水功能区近期达标评价名录》。按照水利部和省辖四流域重要江河湖泊水功能区水质达标评价技术要求,其中流域监测评价23个省界缓冲区、6个黄河干流水功能区、1个调水水源地保护区;河南省监测评价134个水功能区。采用限制纳污红线主要控制项目氨氮和高锰酸盐指数或COD进行水质评价分析。

评价结果表明:在上述164个水功能区中,9个水功能区连续断流6个月及以上,3个排污控制区没有水质目标,不参与达标评价统计;其余152个水功能区中,有93个功能区达标。2014年全省水功能区达标率为61.2%。具体水功能区达标情况如下:

评价保护区16个,达标率为87.5%;评价保留区8个,达标率为75.0%;23个省界缓冲区中,3个水功能区连续断流6个月及以上,不参与达标评价统计,评价水功能区20个,达标率为30.0%;评价饮用水源区23个,达标率为82.6%;评价工业用水区2个,达标率为50.0%;52个农业用水区中,4个水功能区连续断流6个月及以上,不参与达标评价统计,评价水功能区 48 个,达标率为 54.2%;5 个渔业用水区中,颍河襄城、许昌渔业用水区连续断流 6 个月及以上,不参与达标评价统计,评价水功能区 4 个,达标率为 75.0%;14 个景观娱乐用水区中,清潩河长葛景观娱乐用水区连续断流 6 个月及以上,不参与达标评价统计,评价水功能区 13 个,达标率为 46.2%;评价过渡区 18 个,达标率为 66.7%。2014 年全省各类水功能区达标情况见图 4-11。

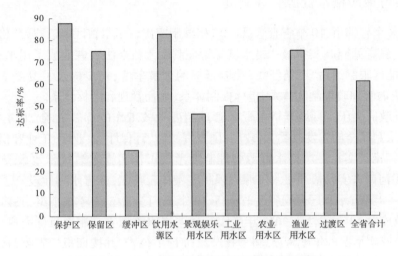

图 4-11　2014 年河南省各类水功能区达标率图

三、水库水质

2014 年对全省 11 座大中型水库水质进行监测,其中黄河流域 2 座,淮河流域 8 座,长江流域 1 座。依据《地表水环境质量标准》(GB 3838—2002)进行评价。

无水库水质达到 Ⅰ 类标准;水质达到 Ⅱ 类标准的水库 5 个,占评价总数的 45.5%;水质达到 Ⅲ 类标准的水库 5 个,占评价总数的 45.5%;没有水质为 Ⅳ 类和 Ⅴ 类的水库;水质为劣 Ⅴ 类的只有宿鸭湖水库,超标项目为总磷和高锰酸盐指数。

2014 年河南省水库水质类别比例见图 4-12。

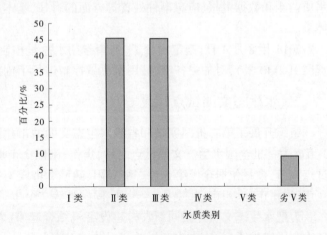

图 4-12　2014 年河南省水库水质类别比例图

四、地下水水质

2014 年全省监测地下水井 221 眼。依据《地下水质量标准》(GB/T 14848—93),采用“地下水单组份评价”方法进行水质评价。评价结果显示:其中,16 眼井水质达到地下水 Ⅲ 类标准,占总监测井数的 7.2%;85 眼井达到地下水 Ⅳ 类标准,占总监测井数的 38.5%;120 眼井达到地下水 Ⅴ 类标准,占总监测井数的 54.3%。

第五节　水资源管理

一、实行最严格水资源管理制度

全省 18 个省辖市、10 个省直管县(市)相继制定出台了本辖区《实行最严格水资源管理制度的实施意见》和《实行最严格水资源管理制度考核办法》,并完成了用水总量、用水效率、水功能区限制纳污"三条红线"控制指标的分解落实,初步构建了覆盖全省各县市(区)的水资源管理政策制度体系、指标控制体系、责任管理和考核体系。

根据省政府关于实行最严格水资源管理制度考核工作的部署要求,2014 年 3 月 19日,河南省水利厅会同省发改委、财政厅、国土资源厅、环保厅、农业厅、工业和信息化厅联合印发了《河南省实行最严格水资源管理制度考核工作实施方案》(豫水政资〔2014〕13号),成立了河南省实行最严格水资源管理制度考核工作组,在省水利厅设立了考核工作办公室。7—8 月省水利厅会同省发改委等 10 个部门组成 5 个考核小组,具体组织实施了河南省政府对 18 个省辖市 2013 年度实行最严格水资源管理制度目标完成情况、制度建设和措施落实情况的年度考核,将考核结果进行了公告,并按期报送省委组织部,作为对各地政府和主要领导综合考评的重要依据。18 个省辖市考核等级均为合格以上,其中郑州、安阳、许昌、济源、焦作 5 个省辖市考核等级为优秀。

为完善水资源管理制度,2014 年 9 月,先后印发了《河南省水功能区管理办法》《河南省水功能区水质监测管理办法》和《河南省入河排污口监督管理办法》,将纳入国家考核的重点水功能区的水质监测工作分解落实到各有关市、县水利局,明确了各级水利部门在水质监测和数据上报、应急事件处置等方面的责任,基本构建了水功能区水质监测的责任体系。

2014 年 8 月 4 日,制定出台了《河南省用水总量控制预警管理办法(试行)》(豫水政资〔2014〕40 号),对加强各市、县用水总量控制进行了创新和探索。

二、水生态文明试点建设

组织开展了第二批国家级和省级水生态文明城市建设试点工作。继郑州、洛阳、许昌3 市成为首批全国水生态文明试点之后,焦作、南阳 2 市成功入选第二批全国水生态文明试点城市,数量位居全国第 5 位。继安阳、鹤壁 2 市成为省级试点之后,确定驻马店市、新乡市、汝州市、禹州市、鄢陵县、兰考县、固始县等 7 个市、县为省级水生态文明试点。

为把水生态文明建设同新农村建设有机结合起来,着力改善乡村水生态环境,河南省水利厅印发了《河南省水利厅关于开展全省"水美乡村"创建工作的通知》(豫水政资〔2014〕37 号),选择基础条件较好的乡(镇)和村庄(行政村或自然村)进行完善提高,每年创建一批"水美乡村",计划到 2020 年在全省建成 100 个以上省级和一批市级、县级"水美乡村"。

三、水资源管理系统建设

截至 2014 年底,全年完成水资源监控项目投资 6 547 万元,启动项目建设投资 1 642 万元;完成了 753 个取用水户在线监测点布设安装,启动了 500 个监测点场地勘察;完成了 7 个省级水功能区水质监测能力年度建设;完成了省、市、县三级水资源管理应用系统定制与部署和省级信息与中央标准数据库对接及数据贯通,成为全国实现水资源监控信息互联互通的 4 个省份之一。

四、节水型社会建设试点

在国家级节水型社会建设试点中,继郑州、洛阳、济源、安阳 4 市之后,2014 年 9 月 24 日,平顶山市通过水利部组织的第四批国家级节水型社会试点评估验收,全省国家级节水型社会建设示范区达到了 5 个。

五、水利法治建设

加强水行政立法调研和协调工作。2014 年 9 月 26 日,河南省十二届人民代表大会常务委员会第十次会议审议通过《河南省实施〈中华人民共和国水土保持法〉办法》,自 2014 年 12 月 1 日起施行。2014 年 9 月 30 日,《河南省用水定额》(第三次修订)经河南省技术监督部门审定后向社会正式公布,于 2014 年 12 月 1 日起实施。起草完成了《河南省小型水库安全管理办法》和《河南省南水北调配套工程供用水管理办法》,并列入河南省政府 2015 年度立法计划。

六、水权试点

根据南水北调中线工程即将正式通水及通水初期各地分配水量尚有结余的实际情况,组织开展了南水北调受水区市、县之间跨区域水量交易调研,编制完成了《河南省水权试点方案》,研究起草了水权交易中心组建方案、水量交易管理试行办法等配套制度,计划用 2~3 年时间,在水权交易流转、相关制度建设等方面率先取得突破。9 月,河南省政府批转了《河南省南水北调中线一期工程水量分配方案》(豫政〔2014〕76 号),明确了有关市县的水量指标。《河南省水权试点方案》通过了水利部和省政府联合批复,并正式进入组织实施阶段。

七、南水北调中线工程

2014 年入夏后,河南省中西部和南部地区发生严重干旱,部分城市供水短缺,特别是平顶山市主要水源地白龟山水库蓄水持续减少,城市供水受到严重影响。河南省防指紧急请示国家防总,请求从丹江口水库通过南水北调中线总干渠向平顶山市实施应急调水。国家防总副总指挥、水利部部长陈雷主持召开专题会议,研究制定了 2014 年平顶山市抗旱应急调水方案。决定自 8 月 6 日起,通过南水北调中线总干渠从丹江口水库向白龟山水库实施应急调水。截至 9 月 20 日,调水历时 45 天,累计调水 5 011 万 m³,有效缓解了平顶山市城区 100 多万人的供水紧张状况。

八、计划用水与地下水管理

2014年10月，河南省水利厅会同省住房和城乡建设厅、河南省南水北调办公室组织编制了《南水北调中线一期工程河南省2014—2015年度水量调度计划》（豫水政资〔2014〕57号）。丹江口水库陶岔渠首2014—2015年度可调水量76.2亿 m^3 ，河南省分配额度30.3亿 m^3 ；河南省年度计划用水量24.82亿 m^3 ，水利部批复河南省引水计划20.09亿 m^3 。

2014年12月，省水利厅会同河南省发展和改革委、财政厅、住房和城乡建设厅、南水北调办联合印发《河南省南水北调受水区地下水压采实施方案（城区2015—2020年）》（豫水政资〔2014〕74号）。规划至2020年，通过替代水源工程和管网配套工程建设，全省受水城区地下水压采总量为2.70亿 m^3 ，其中浅层水压采1.75亿 m^3 ，中深层水压采0.95亿 m^3 。城区浅层地下水实现采补平衡，城区深层承压水原则上停止开采，实现城市地下水环境状况显著改善。

第五章 2015 年河南省水资源公报

2015 年全省年降水量 704.1 mm,折合降水总量 1 165.487 亿 m^3,较 2014 年减少 3.0%,较多年均值偏少 8.7%,属平水年份。全省汛期 6—9 月降水量 377.1 mm,占全年降水量的 53.6%,较多年均值偏少 22.5%。

2015 年全省水资源总量为 287.17 亿 m^3,其中地表水资源量 186.74 亿 m^3,地下水资源量 173.07 亿 m^3,重复计算量 72.64 亿 m^3。全省水资源总量比多年均值偏少 28.8%,比 2014 年增加 1.3%。产水模数为 17.3 万 m^3/km^2,产水系数为 0.25。

2015 年全省大中型水库年末蓄水总量 47.93 亿 m^3,比年初增加 0.520 亿 m^3。其中,大型水库年末蓄水量 39.71 亿 m^3,中型水库年末蓄水量 8.22 亿 m^3。

2015 年末全省平原区浅层地下水位与 2014 年同期相比,平均下降 0.44 m,地下水储存量与 2014 年同期相比减少 13.78 亿 m^3;平原区浅层地下水漏斗区总面积达 8 480 km^2。

2015 年全省总供水量 222.83 亿 m^3,其中地表水源供水量 100.57 亿 m^3,地下水源供水量 120.65 亿 m^3,集雨及其他工程供水量 1.61 亿 m^3。

2015 全省各行业总用水量 222.83 亿 m^3,其中农、林、渔业用水 120.09 亿 m^3(农田灌溉 110.90 亿 m^3),工业用水 52.51 亿 m^3,城乡生活、环境用水 50.23 亿 m^3(城市生活、环境用水 32.41 亿 m^3)。

2015 年全省人均用水量为 234 m^3;万元 GDP(当年价)用水量为 47 m^3;农田灌溉亩均用水量 165 m^3;万元工业增加值(当年价)用水量为 29.9 m^3(含火电);人均生活综合用水量,城镇人均 187 L/d(含城市环境),农村人均 96 L/d(含牲畜用水)。

全省对列入"全国重要江河湖泊水功能区划登记表"中河南省监测的 207 个水功能区,对应水质监测断面 219 个,涉及 39 条重要河流,监测评价河长 4 838.8 km。全年期评价结果:水质达到和优于Ⅲ类标准的河长 2 146.6 km,占总河长的 44.4%;水质为Ⅳ类的河长 609.2 km,占总河长的 12.6%;水质为Ⅴ类的河长 418.3 km,占总河长的 8.6%;水质为劣Ⅴ类的河长为 1 597.2 km,占总河长的 33.0%,断流河长 67.5 km,占总河长的 1.4%。

全省涉及 164 个水功能区列入"全国重要江河湖泊水功能区近期达标评价名录",按照国家实行最严格水资源管理制度考核有关要求进行评价,其中 98 个功能区达标,水功能区达标率 59.8%,较 2014 年的 5.7% 有一定提高。

对全省 10 座大中型水库水质进行监测评价,无水库水质达到Ⅰ类标准;水质达到Ⅱ类标准的水库 3 个,占评价总数的 30.0%;水质达到Ⅲ类标准的水库 5 个,占评价总数的 40.0%;水质为Ⅳ类的水库 2 个,占评价总数的 20.0%;水质为劣Ⅴ类的水库 1 个,占评价总数的 10.0%。

对全省 222 眼地下水监测井进行水质监测评价,其中 17 眼井达到地下水质量Ⅲ类标准,占总监测井数的 7.7%;106 眼井达到地下水Ⅳ类标准,占总监测井数的 47.7%;99 眼井达到地下水Ⅴ类标准,占总监测井数的 44.6%。

第一节　水资源量

一、降水量

2015 年全省年降水量 704.1 mm，折合降水总量 1 165.487 亿 m³，较 2014 年减少 3.0%，较多年均值偏少 8.7%，属平水年份。

全省汛期 6—9 月降水量 377.1 mm，占全年降水量的 53.6%，较多年均值偏少 22.5%；非汛期降水量 327 mm，占全年降水量的 46.4%，较多年均值偏多近 10%。

省辖海河流域年降水量 528.3 mm，比多年均值偏少 13.4%；黄河流域 642.6 mm，比多年均值偏多 1.5%；淮河流域 767.7 mm，比多年均值偏少 8.8%；长江流域量 683.0 mm，比多年均值偏少 16.9%。

18 个省辖市年降水量较多年均值偏少的有 14 个市，其中鹤壁市、驻马店市偏少幅度均超过了 20%，分别为 22.0% 和 21.5%；偏少幅度在 10%~20% 的有 7 市，其中南阳市偏少 17.1%，平顶山市偏少 16.7%，安阳市偏少 14.1%，新乡市偏少 12.2%，商丘市偏少 11.8%，开封市偏少 10.8%，周口市偏少 10.4%；其余 5 市偏少幅度均在 10% 以下，其中濮阳市偏少幅度最小仅有 0.4%。较多年均值偏多的有洛阳、三门峡、周口和济源 4 个市，偏多一般在 10% 以下，其中三门峡市偏多 8.9%，偏多幅度最大。

2015 年河南省各省辖市、省辖流域年降水量与 2014 年、多年均值比较详见表 5-1 及图 5-1。

表 5-1　2015 年河南省各省辖市、省辖流域年降水量表

分区名称	年降水量/mm	与 2014 年比较/%	与多年均值比较/%
郑州市	585.1	9.7	-6.5
开封市	587.6	4.7	-10.8
洛阳市	681.5	-2.9	1.0
平顶山市	682.1	4.5	-16.7
安阳市	511.5	-3.9	-14.1
鹤壁市	490.5	-4.3	-22.0
新乡市	537.1	-2.3	-12.2
焦作市	565.0	2.0	-4.0
濮阳市	559.4	8.3	-0.4
许昌市	684.4	22.1	-2.1
漯河市	707.8	4.9	-8.3
三门峡市	735.8	4.4	8.9
南阳市	685.1	-5.5	-17.1
商丘市	638.1	0.4	-11.8

续表 5-1

分区名称	年降水量/mm	与2014年比较/%	与多年均值比较/%
信阳市	1 124.7	4.5	-1.7
周口市	674.0	-9.4	-10.4
驻马店市	704.0	-27.4	-21.5
济源市	673.0	-3.8	0.7
全省	704.1	-3.0	-8.7
海河	528.3	-2.5	-13.4
黄河	642.6	-0.5	1.5
淮河	767.7	-3.3	-8.8
长江	683.0	-5.3	-16.9

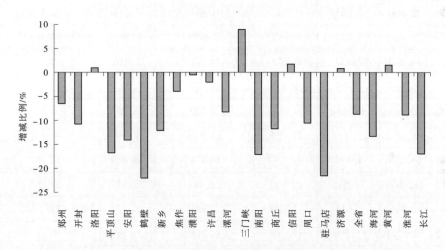

图 5-1　2015年河南省各省辖市、省辖流域降水量与多年均值比较图

二、地表水资源量

2015年全省地表水资源量 186.7 亿 m^3,折合径流深 112.8 mm,比多年均值 304.0 亿 m^3 偏少 38.6%,比 2014 年度偏多 5.2%。

省辖海河流域地表水资源量 6.69 亿 m^3,比多年均值减少 60.3%;黄河流域 30.51 亿 m^3,比多年均值减少 32.1%;淮河流域 119.3 亿 m^3,比多年均值减少 33.1%;长江流域 30.23 亿 m^3,比多年均值减少 53.0%。

豫南淮河上游区、史河区地表水资源量比多年均值偏少幅度小于 30%;其他区域偏少幅度大于 30%,其中海河流域漳卫河山区、淮河流域洪汝河山丘和平原区、淮河流域沙颍河山丘区、长江流域唐白河水系比多年均值偏少幅度均超过 50%。

全省 18 个省辖市地表水资源量较多年均值均有不同程度减少。平顶山、安阳、鹤壁、新乡、漯河、驻马店和南阳市减幅超过 50%;仅有开封、三门峡、信阳、济源市减幅在 20% 以内。

2015 年全省各省辖市、省辖流域地表水资源量详见表 5-2。

表 5-2　2015 年各省辖市、省辖流域水资源量与多年均值比较表

分区名称	降水量/亿 m³	地表水资源量/亿 m³	地下水资源量/亿 m³	地表水与地下水资源重复量/亿 m³	水资源总量/亿 m³	水资源总量与多年均值比较/%	产水系数
郑州市	44.083	4.350	7.760	2.958	9.151	-30.6	0.21
开封市	36.798	3.416	6.874	0.962	9.329	-18.7	0.25
洛阳市	103.794	13.716	11.529	8.195	17.050	-40.0	0.16
平顶山市	53.944	6.602	5.700	2.448	9.854	-46.3	0.18
安阳市	37.616	2.964	7.500	1.598	8.865	-32.0	0.24
鹤壁市	10.482	0.605	2.099	0.423	2.281	-38.4	0.22
新乡市	44.309	3.569	10.146	2.226	11.489	-22.8	0.26
焦作市	22.606	2.905	5.272	0.664	7.513	-0.5	0.33
濮阳市	23.426	1.123	4.987	1.847	4.263	-24.9	0.18
许昌市	34.070	2.557	6.223	0.971	7.810	-11.2	0.23
漯河市	19.068	1.409	3.305	0.187	4.527	-29.3	0.24
三门峡市	73.113	13.607	6.887	5.239	15.255	-5.8	0.21
南阳市	181.622	29.192	21.055	11.848	38.399	-43.9	0.21
商丘市	68.279	4.894	11.739	0.374	16.259	-17.9	0.24
信阳市	212.661	71.515	29.611	22.447	78.679	-11.2	0.37
周口市	80.598	6.615	15.088	2.931	18.772	-29.1	0.23
驻马店市	106.271	15.593	15.368	6.214	24.747	-50.0	0.23
济源市	12.746	2.104	1.927	1.109	2.923	-6.0	0.23
全省	1 165.487	186.737	173.069	72.639	287.167	-28.8	0.25
海河	81.022	6.686	18.310	4.202	20.794	-24.7	0.26
黄河	232.406	30.513	32.115	16.117	46.511	-20.6	0.20
淮河	663.494	119.306	100.034	38.974	180.366	-26.7	0.27
长江	188.565	30.232	22.610	13.346	39.497	-44.6	0.21

2015 年全省入境水量 219 亿 m³,其中黄河流域入境 196 亿 m³(黄河干流三门峡以上入境 181 亿 m³),淮河流域入境 13.7 亿 m³,长江流域入境 7.78 亿 m³,海河流域入境 1.47 亿 m³。全省出境水量 390 亿 m³,其中黄河流域出境 239 亿 m³,淮河流域出境 117 亿 m³,长江流域出境 29.50 亿 m³,海河流域出境 4.49 亿 m³。全省全年出入境水量差 171 亿 m³。

三、地下水资源量

全省地下水资源量 173.07 亿 m³,地下水资源模数平均 10.5 万 m³/km²。其中山丘区 70.7 亿 m³,平原区 116.37 亿 m³,平原区与山丘区重复计算量 14.0 亿 m³。全省地下水资源量比多年均值减少 11.7%,比 2014 年增加 3.7%;省辖海河流域、黄河流域、淮河流域、长江流域地下水资源量分别为 18.31 亿 m³、32.12 亿 m³、100.03 亿 m³、22.61 亿 m³。2015 年各省辖市、省辖流域地下水资源量详见表 5-2。

四、水资源总量

全省水资源总量为 287.17 亿 m³,其中地表水资源量 186.74 亿 m³,地下水资源量 173.07 亿 m³,重复计算量 72.64 亿 m³。水资源总量比多年均值偏少 28.8%,比 2014 年增加 1.3%。产水模数为 17.3 万 m³/km²,产水系数为 0.25。

省辖海河流域、黄河流域、淮河流域、长江流域水资源总量分别为 20.79 亿 m³、46.51 亿 m³、180.37 亿 m³、39.50 亿 m³。与多年均值相比,海河流域减少 24.7%,黄河流域减少 20.6%,淮河流域减少 26.7%,长江流域减少 44.6%。

与多年均值比较,各省辖市水资源总量普遍减少,其中驻马店市减幅最大,达 50.0%,平顶山、南阳、洛阳市减幅在 40% 以上,鹤壁、安阳、郑州市减幅在 30% 以上,漯河、周口、濮阳、新乡市减幅大多在 20% 以上,其他市减幅在 18.7%~0.5%。

2015 年各省辖市、省辖流域水资源量详见表 5-2 及图 5-2、图 5-3。

图 5-2　2015 年河南省流域
分区水资源总量组成图

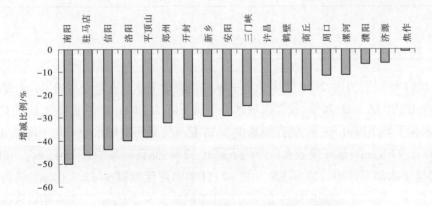

图 5-3　2015 年水资源总量与多年均值比较图

第二节　蓄水动态

一、大中型水库

全省 22 座大型水库和 104 座中型水库年末蓄水总量 47.93 亿 m³,比年初增加 0.520 亿 m³。其中,大型水库 39.71 亿 m³,比年初增加 1.09 亿 m³;中型水库 8.22 亿 m³,比 2015 年初减少 0.566 亿 m³。

淮河流域大中型水库年末蓄水总量 26.27 亿 m³,比年初减少 0.435 亿 m³;黄河流域 12.05 亿 m³,比年初增加 0.127 亿 m³;长江流域 7.04 亿 m³,比年初增加 1.08 亿 m³;海河流域 2.57 亿 m³,比年初减少 0.257 亿 m³。

全省大型水库 2015 年初、年末蓄水情况详见表 5-3。

表 5-3　全省各大型水库 2015 年初、年末蓄水量表　　　　　单位:亿 m³

水库		小南海	盘石头	窄口	陆浑	故县	南湾	石山口	泼河	五岳	鲇鱼山	宿鸭湖	板桥
蓄水量	年初	0.185	1.193	0.891	4.455	5.580	3.170	0.839	1.110	0.496	4.480	2.199	2.202
	年末	0.167	0.915	0.903	4.998	5.240	5.170	0.876	1.209	0.863	3.740	1.860	1.495
蓄水变量		−0.018	−0.278	0.012	0.543	−0.340	2.000	0.037	0.100	0.367	−0.740	−0.339	−0.707

水库		薄山	石漫滩	昭平台	白龟山	孤石滩	燕山	白沙	宋家场	鸭河口	赵湾	全省合计
蓄水量	年初	2.411	0.732	1.374	1.476	0.297	1.786	0.178	0.763	2.742	0.065	38.623
	年末	1.817	0.646	1.593	1.602	0.265	1.491	0.147	0.763	3.855	0.094	39.709
蓄水变量		−0.594	−0.086	0.219	0.125	−0.031	−0.295	−0.031	0	1.113	0.030	1.086

二、浅层地下水动态

与 2014 年同期相比,2015 年末全省平原区浅层地下水位平均下降 0.44 m,地下水储存量减少 13.78 亿 m³。其中,长江流域水位平均下降 1.12 m,储存量减少 2.52 亿 m³;黄河流域水位平均下降 0.53 m,储存量减少 2.75 亿 m³;海河流域水位平均下降 0.49 m,储存量减少 1.77 亿 m³;淮河流域水位平均下降 0.32 m,储存量减少 6.73 亿 m³。1980 年以来,浅层地下水储存量累计减少 109.9 亿 m³,其中海河流域减少 35.8 亿 m³,黄河流域减少 26.0 亿 m³,淮河流域减少 38.9 亿 m³,长江流域减少 9.3 亿 m³。1980 年以来河南省辖流域浅层地下水储存量变化情况见图 5-4。

全省平原区浅层地下水漏斗区年末总面积达 8 480 km²,占平原区总面积的 10.1%,比 2014 年同期增加 580 km²。其中,安阳-鹤壁-濮阳漏斗区面积为 7 300 km²,漏斗中心

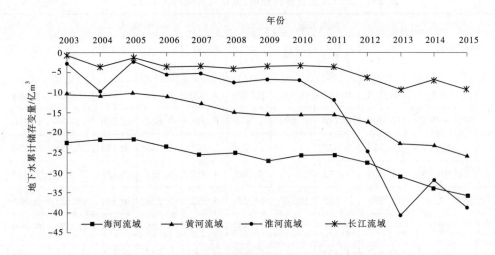

图 5-4　1980 年以来平原区浅层地下水储存量累计变化图

水位埋深 43.07 m；武陟–温县–孟州漏斗区面积 1 080 km²，漏斗中心水位埋深 27.30 m；新乡凤泉–小冀漏斗区面积 100 km²，漏斗中心水位埋深 18.16 m。

第三节　供用水量

一、供水量

2015 年全省总供水量 222.83 亿 m³，其中地表水源供水量 100.57 亿 m³，占总供水量的 45.1%；地下水源供水量 120.65 亿 m³，占总供水量的 54.1%；集雨及其他工程供水量 1.61 亿 m³，占总供水量的 0.8%。在地表水开发利用中，引用入过境水量 45.49 亿 m³，其中南水北调中线工程调水量 9.13 亿 m³（含引丹灌区 4.26 亿 m³），引黄河干流水量 28.62 亿 m³；四大流域间相互调水量 20.20 亿 m³（含南水北调中线工程调入淮河流域、黄河流域、海河流域水量 4.84 亿 m³）。在地下水源利用中，开采浅层地下水 116.22 亿 m³，中深层地下水 4.44 亿 m³。

省辖海河流域供水量 37.78 亿 m³，占全省总供水量的 17.0%；黄河流域 50.75 亿 m³，占全省总供水量的 22.8%；淮河流域 111.51 亿 m³，占全省总供水量的 50.0%；长江流域供水量 22.79 亿 m³，占全省总供水量的 10.2%。

郑州、焦作、新乡、安阳、鹤壁、许昌、漯河、商丘、周口、驻马店、南阳等市以地下水源供水为主，地下水源占其总供水量的 50% 以上，周口市最高，达 86%，其他市则以地表水源供水为主，地表水源占其总供水量 50% 以上，信阳市最高，达 90.1%。河南省各省辖市、省辖流域 2015 年供水量详见表 5-4，全省各省辖市供水量及水源结构见图 5-5。

表 5-4　2015 年全省各省辖市、省辖流域供用耗水量表　　　　单位:亿 m³

分区名称		供水量				用水量				耗水量
		地表水	地下水	其他	合计	农、林、渔业	工业	城乡生活、环境	合计	
郑州	全市	8.153	9.167	0.889	18.208	4.920	5.423	7.865	18.208	8.804
	其中巩义	0.596	0.786	0.094	1.476	0.314	0.642	0.520	1.476	0.676
开封	全市	8.313	5.925		14.238	9.045	2.043	3.150	14.238	8.134
	其中兰考	1.203	1.193		2.395	1.912	0.362	0.121	2.395	1.266
洛阳		7.868	6.105	0.149	14.121	4.592	5.239	4.290	14.121	6.665
平顶山	全市	7.284	4.038		11.322	2.719	7.025	1.578	11.322	3.699
	其中汝州	0.507	1.402		1.909	0.997	0.537	0.375	1.909	0.999
安阳	全市	4.154	10.201		14.355	9.177	1.987	3.191	14.355	9.903
	其中滑县	0.548	2.704		3.253	2.311	0.136	0.805	3.252	2.407
鹤壁		1.640	3.369	0.005	5.014	3.254	0.724	1.036	5.014	3.378
新乡	全市	7.876	9.457		17.333	12.053	2.491	2.789	17.333	10.312
	其中长垣	1.027	0.664		1.691	1.210	0.163	0.317	1.691	1.070
焦作		5.832	7.830		13.662	8.541	3.249	1.871	13.662	8.133
濮阳		9.465	5.329		14.794	9.783	2.908	2.104	14.794	8.136
许昌		2.416	5.525	0.131	8.072	3.323	2.596	2.154	8.072	4.491
漯河		0.574	3.079		3.653	1.563	1.306	0.784	3.653	1.145
三门峡		2.361	1.491	0.108	3.960	1.238	1.940	0.783	3.960	1.716
南阳	全市	9.245	13.675		22.920	11.517	6.317	5.086	22.920	11.978
	其中邓州	3.259	0.631		3.890	2.227	0.369	1.294	3.890	2.393
商丘	全市	4.126	10.161	0.174	14.460	9.049	2.137	3.274	14.460	9.762
	其中永城	0.458	2.010	0.030	2.498	1.175	0.815	0.508	2.498	1.491
信阳	全市	14.363	1.570		15.933	10.055	2.594	3.283	15.933	6.849
	其中固始	3.306	0.245		3.551	2.638	0.293	0.620	3.551	1.572
周口	全市	2.395	15.148		17.543	11.340	2.594	3.609	17.543	11.393
	其中鹿邑	0.211	1.198		1.409	0.697	0.327	0.385	1.409	0.850

续表 5-4

分区名称		供水量				用水量				耗水量
		地表水	地下水	其他	合计	农、林、渔业	工业	城乡生活、环境	合计	
驻马店	全市	3.128	7.616	0.069	10.813	6.646	1.334	2.832	10.813	7.617
	其中新蔡	0.227	0.834		1.061	0.487	0.060	0.513	1.061	0.790
济源		1.380	0.970	0.086	2.436	1.272	0.610	0.555	2.436	1.646
全省		100.570	120.654	1.610	222.835	120.087	52.515	50.233	222.835	123.161
海河		14.503	23.272	0.005	37.780	22.134	7.900	7.746	37.780	22.455
黄河		27.041	23.202	0.511	50.754	28.840	12.273	9.641	50.754	28.008
淮河		49.531	60.887	1.093	111.511	57.915	25.983	27.613	111.511	60.777
长江		9.495	13.293	0.001	22.789	11.197	6.358	5.234	22.789	11.922

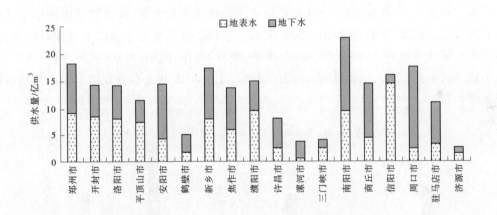

图 5-5　2015 年全省各省辖市供水量及水源结构图

二、用水量

2015 全省总用水量 222.83 亿 m³,其中农、林、渔业用水 120.09 亿 m³(农田灌溉 110.90 亿 m³),占总用水量的 53.9%;工业用水 52.51 亿 m³,占总用水量的 23.6%;城乡生活、环境用水 50.23 亿 m³(城市生活、环境用水 32.41 亿 m³),占 22.5%。2015 年全省及省辖流域用水结构详见图 5-6。

省辖海河流域用水量 37.78 亿 m³,占全省总用水量的 17.0%;黄河流域用水量 50.75 亿 m³,占全省总用水量的 22.8%;淮河流域用水量 111.51 亿 m³,占全省总用水量的 50.0%;长江流域用水量 22.79 亿 m³,占全省总用水量的 10.2%。

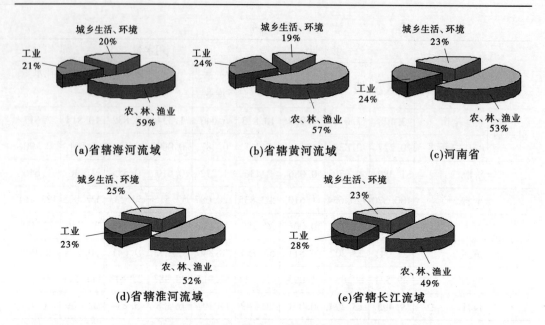

图 5-6　2015 年全省及省辖流域用水结构图

　　由于水源条件、产业结构、生活水平和经济发展状况的差异,各省辖市用水量及其结构有所不同。郑州、洛阳、平顶山、许昌、漯河、三门峡、南阳等市工业用水量相对较大,占其用水总量比例超过 25%;开封、安阳、鹤壁、新乡、焦作、濮阳、商丘、信阳、周口、驻马店等市农、林、渔业用水占比相对较大,均在 60% 以上。2015 年全省各省辖市用水及其结构详见图 5-7。

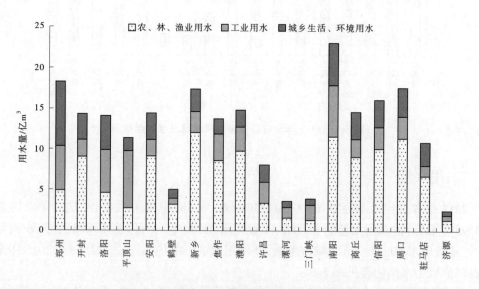

图 5-7　2015 年全省各省辖市用水及其结构图

三、用水消耗量

2015 年全省用水消耗总量 123.16 亿 m³,占总用水量的 55.3%。其中,农、林、渔业用水消耗量占全省用水消耗总量的 67.0%;工业用水消耗占 9.4%,城乡生活、环境用水消耗占 23.5%。

四、废污水排放量

根据用水量和耗水量估算,2015 年全省废污水排放量为 53.29 亿 m³。其中,工业(含建筑业)废水 35.84 亿 m³,占 67.3%;城市综合生活污水 17.45 亿 m³,占 32.8%。按流域分区统计,省辖海河流域 9.30 亿 m³,黄河流域 12.52 亿 m³,淮河流域 26.74 亿 m³,长江流域 4.73 亿 m³。

五、用水指标

2015 年全省人均用水量为 234 m³;万元 GDP(当年价)用水量为 47 m³;农田灌溉亩均用水量 165 m³;万元工业增加值(当年价)用水量为 29.9 m³(含火电);人均生活综合用水量,城镇人均 187 L/d(含城市环境),农村人均 96 L/d(含牲畜用水)。

人均用水量大于 300 m³ 有开封、鹤壁、新乡、焦作、濮阳、济源等市,其中濮阳市最大,为 410 m³,其次为焦作市 387 m³;郑州、许昌、漯河、三门峡、周口 5 市人均用水量小于 200 m³。万元 GDP 用水量最大的市是濮阳市,为 98 m³,郑州、洛阳、许昌、三门峡、漯河、驻马店、济源等市均小于 50 m³,其中郑州市最小为 16 m³。2015 年各省辖市用水指标详见图 5-8,全省 2003—2015 年各项用水指标变化情况见图 5-9。

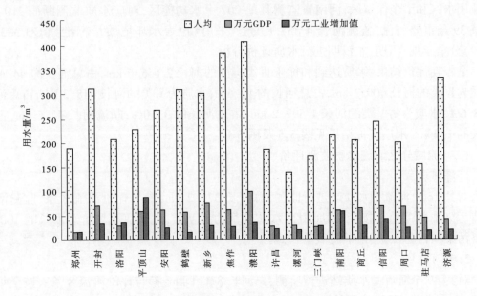

图 5-8　2015 年全省各省辖市用水量指标图

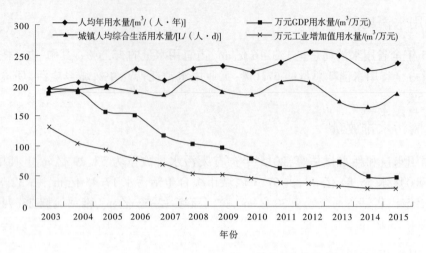

图 5-9　河南省 2003—2015 年用水指标变化趋势图

第四节　水体水质

一、河流水质

(一)全省河流水质监测评价

2015 年河南省列入《全国重要江河湖泊水功能区划(2011—2030)》中地表水功能区共有 249 个,其中流域监测 30 个省界缓冲区、8 个黄河干流水功能区和 2 个保护区及 1 个渔业用水区和 1 个保留区;河南省监测其他 207 个水功能区,对应水质监测断面 219 个,涉及 39 条重要河流,监测河长 4 838.8 km。采用《地表水环境质量标准》(GB 3838—2002)分全年期、汛期、非汛期进行水质评价分析。

全年期评价结果:水质达到和优于Ⅲ类标准的河长 2 146.6 km,占总河长的 44.4%;水质为Ⅳ类的河长 609.2 km,占总河长的 12.6%;水质为Ⅴ类的河长 418.3 km,占总河长的 8.6%;水质为劣Ⅴ类的河长 1 597.2 km,占总河长的 33.0%;断流河长 67.5 km,占总河长的 1.4%。水质评价结果见表 5-5 及图 5-10。

(二)流域分区河流水质监测评价

1. 海河流域

对其 16 个河流型水质站进行监测,总河长 371.2 km,参与评价河流 3 条,监测河段水体污染非常严重。按全年期评价,水质全部为劣Ⅴ类,占该流域评价总河长的 100%。主要污染项目为氨氮、化学需氧量、总磷。

2. 黄河流域

对其 49 个河流型水质站进行监测,总河长 871.1 km,参与评价河流 8 条。按全年期评价,水质为Ⅱ～Ⅲ类的河长 620.1 km,占该流域评价总河长的 71.2%;水质为Ⅳ类的河长 29.0 km,占该流域评价总河长的 3.3%;水质为劣Ⅴ类的河长 222.0 km,占该流域评价总河长的 25.5%。

表 5-5　2015 年河南全省和省辖四流域河流水质评价成果表

水期	分区名称	项目	Ⅰ类	Ⅱ类	Ⅲ类	Ⅳ类	Ⅴ类	劣Ⅴ类	断流	合计
全年期	海河流域	河长/km	0	0	0	0	0	371.2	0	371.2
		占比/%	0	0	0	0	0	100.0	0	100.0
	黄河流域	河长/km	0	467.9	152.2	29.0	0	222.0	0	871.1
		占比/%	0	53.7	17.5	3.3	0	25.5	0	100.0
	淮河流域	河长/km	0	390.0	672.2	505.6	418.3	915.3	67.5	2 968.9
		占比/%	0	13.1	22.7	17.0	14.1	30.8	2.3	100.0
	长江流域	河长/km	273.8	63.5	127.0	74.6	0	88.7	0	627.6
		占比/%	43.6	10.1	20.3	11.9	0	14.1	0	100.0
	全省	河长/km	273.8	921.4	951.4	609.2	418.3	1 597.2	67.5	4 838.8
		占比/%	5.7	19.0	19.7	12.6	8.6	33.0	1.4	100.0
汛期	海河流域	河长/km	0	0	0	0	0	371.2	0	371.2
		占比/%	0	0	0	0	0	100.0	0	100.0
	黄河流域	河长/km	0	514.6	99.8	4.7	26.8	185.7	39.5	871.1
		占比/%	0	59.1	11.5	0.5	3.1	21.3	4.5	100.0
	淮河流域	河长/km	0	178.5	1 034.8	558.2	308.5	777.4	111.5	2 968.9
		占比/%	0	6.0	34.8	18.8	10.4	26.2	3.8	100.0
	长江流域	河长/km	247.0	108.1	179.2	0	4.6	88.7	0	627.6
		占比/%	39.4	17.2	28.6	0	0.7	14.1	0	100.0
	全省	河长/km	247.0	801.2	1 313.8	562.9	339.9	1 423.0	151.0	4 838.8
		占比/%	5.1	16.6	27.2	11.6	7.0	29.4	3.1	100.0
非汛期	海河流域	河长/km	0	0	0	0	0	371.2	0	371.2
		占比/%	0	0	0	0	0	371.2	0	100.0
	黄河流域	河长/km	0	454.6	96.5	92.0	14.0	214.0	0	871.1
		占比/%	0	52.2	11.1	10.5	1.6	24.6	0	100.0
	淮河流域	河长/km	0	456.2	706.0	450.9	342.0	946.3	67.5	2 968.9
		占比/%	0	15.4	23.8	15.2	11.5	31.8	2.3	100.0
	长江流域	河长/km	178.8	158.5	107.2	24.4	63.0	95.7	0	627.6
		占比/%	28.5	25.3	17.1	3.9	10.0	15.2	0	100.0
	全省	河长/km	178.8	1 069.3	909.7	567.3	419.0	1 627.2	67.5	4 838.8
		占比/%	3.7	22.1	18.8	11.7	8.7	33.6	1.4	100.0

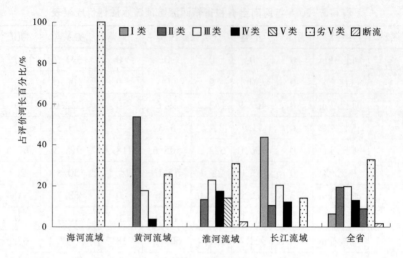

图5-10　2015年河南省辖四流域河流水质类别图(全年期,占评价河长%)

3.淮河流域

对其121个河流型水质站进行监测,总河长2 968.9 km,其中4个水质站断面全年断流,参与评价河流20条。按全年期评价,水质为Ⅱ~Ⅲ类的河长1 062.2 km,占该流域评价总河长的35.8%;水质为Ⅳ类的河长505.6 km,占该流域评价总河长的17.0%;水质为Ⅴ类的河长418.3 km,占该流域评价总河长的14.1%;水质为劣Ⅴ类的河长915.3 km,占该流域评价总河长的30.8%;断流河长67.5 km,占该流域评价总河长的2.3%。

4.长江流域

对其24个河流型水质站进行监测,总评价河长627.6 km,参与评价河流4条。按全年期评价,水质为Ⅰ~Ⅲ类的河长464.3 km,占该流域评价总河长的74.0%;水质为Ⅳ类的河长74.6 km,占该流域评价总河长的11.9%;水质为劣Ⅴ类的河长88.7 km,占该流域评价总河长的14.1%。

2015年全省和各省辖流域水质评价情况详见表5-5。

二、水功能区达标评价

2015年河南省列入《全国重要江河湖泊水功能区划(2011—2030)》中地表水功能区249个,其中有164个列入《全国重要江河湖泊水功能区近期达标评价名录》。按照水利部和省辖四流域重要江河湖泊水功能区水质达标评价技术要求,其中流域监测评价23个省界缓冲区、6个黄河干流水功能区、1个调水水源地保护区和1个渔业用水区;省区监测评价其余133个水功能区。采用限制纳污红线主要控制项目氨氮、高锰酸盐指数(或COD)进行水质评价分析。

评价结果表明:在上述164个水功能区中,7个水功能区连续断流6个月及以上,不参与达标评价统计,3个排污控制区没有水质目标,不参与达标评价统计,其余154个水功能区中,有98个功能区达标,2015年全省水功能区达标率为63.6%。具体水功能区达标情况如下:

评价保护区16个,达标率为93.8%;评价保留区8个,达标率为87.5%;23个缓冲区中,2个水功能区连续断流6个月及以上,不参与达标评价统计,评价水功能区21个,达标率为33.3%;评价饮用水源区23个,达标率为91.3%;评价工业用水区2个,达标率为50.0%;52个农业用水区中,4个水功能区连续断流6个月及以上,不参与达标评价统计,评价水功能区48个,达标率为45.8%;评价渔业用水区5个,达标率为100.0%;14个景观娱乐用水区中,1个水功能区连续断流6个月及以上,不参与达标评价统计,评价13个水功能区,达标率为61.5%;评价过渡区18个,达标率为66.7%。2015年全省各类水功能区达标情况见图5-11。

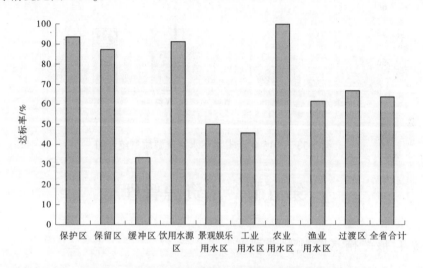

图5-11 2015年河南省各类水功能区达标率统计图

三、水库水质

2015年对全省10座大中型水库水质进行监测,其中黄河流域1座,淮河流域8座,长江流域1座。依据《地表水环境质量标准》(GB 3838—2002)进行评价。

无水库水质达到Ⅰ类标准;水质达到Ⅱ类标准的水库3个,占评价总数的30.0%;水质达到Ⅲ类标准的水库4个,占评价总数的40.0%;水质为Ⅳ类的2个,占评价总数的20.0%;水质为劣Ⅴ类的1个,占评价总数的10.0%。2015年河南省水库水质类别比例见图5-12。

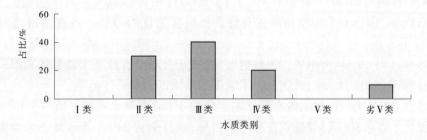

图5-12 2015年河南省水库水质类别比例图

四、地下水水质

2015 年全省监测地下水井 222 眼。依据《地下水质量标准》(GB/T 14848—93)进行评价,采用"地下水单组份评价"方法进行水质评价。评价结果显示:17 眼井水质达到地下水Ⅲ类标准,占总监测井数的 7.7%;106 眼井达到地下水Ⅳ类标准,占总监测井数的 47.7%;99 眼井达到地下水Ⅴ类标准,占总监测井数的 44.6%,详见图 5-13。

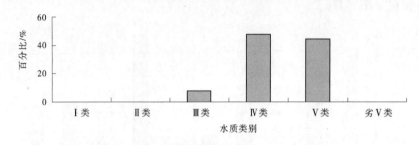

图 5-13　2015 年全省地下水水资源质量统计图

第五节　水资源管理

一、实行最严格水资源管理制度

2015 年 5 月 25—28 日,国家第 10 考核组对我省 2014 年度落实最严格水资源管理制度情况进行了考核。经过国家考核组资料复核和现场检查,在全国 30 个省(区)考核中,河南省考核结果为良好等级,从 2013 年度全国的第 29 位提升到第 11 位。

根据河南省政府关于实行最严格水资源管理制度考核工作的部署要求,2015 年 7 月 13—28 日,省水利厅会同省发改委、财政厅、国土资源厅、环保厅、农业厅、工业和信息化厅等 10 个部门组成 6 个考核小组,具体组织实施了省政府对 18 个省辖市、10 个省直管县(市)2014 年度实行最严格水资源管理制度目标完成情况、制度建设和措施落实情况的现场检查和年度考核。2015 年 9 月省政府办公厅印发《关于公布 2014 年度实行最严格水资源管理制度考核结果的通知》(豫政办〔2015〕119 号),公布了考核结果,18 个省辖市和 10 个省直管县(市)全部为合格等级以上。其中,许昌、安阳、郑州、济源、南阳、焦作 6 个省辖市和省直管县长垣县为优秀等级。各省辖市也对所辖县(区)进行了考核。

2015 年 1 月 12 日,河南省人民政府印发《关于公布全省地下水禁采区和限采区范围的通知》(豫政〔2015〕1 号),首次发布了地下水限采区和禁采区范围。

2015 年 12 月 11 日,河南省水利厅制定印发了《河南省水功能区监测工作方案》,首次明确细化了各市县(区)管理责任和考核目标,涉及全省 249 个重点地表水功能区、222 个地下水质监测井,水功能区监测及其考核范围覆盖率达到 100%。

二、水生态文明试点建设

一批国家级、省级水生态文明城市建设试点实施方案通过了水利部、相关流域机构和省水利厅审查。2015 年 1 月 28 日,南阳市国家级水生态文明建设试点实施方案通过了水利部审查委员会审查。2 月 2 日,兰考县省级水生态文明建设试点实施方案通过了省水利厅审查。2 月 28 日,汝州市省级水生态文明建设试点实施方案通过了省水利厅审查。4 月 25 日,焦作市国家级水生态文明城市建设试点实施方案通过水利部海河水利委员会和河南省水利厅审查。

郑州、洛阳、许昌、南阳、焦作市 5 个国家级试点已全部通过水利部审查并批复实施。安阳、鹤壁、新乡、驻马店市和固始、汝州、兰考、禹州、鄢陵县等 9 个省级试点通过审查,并经地方政府批复实施。

2015 年 10 月 19 日,按照《河南省水利厅关于开展全省"水美乡村"创建工作的通知》(豫水政资〔2014〕37 号)要求,省水利厅在郑州召开全省"水美乡村"创建活动工作总结表彰会。杨大勇副厅长主持会议,并向中牟县雁鸣湖镇等 16 个河南省"水美乡村"颁发了荣誉牌和证书。

三、水利法治建设

2015 年 11 月 11 日,河南省发展和改革委员会、河南省财政厅、河南省水利厅联合印发《关于调整我省水资源费征收标准的通知》(豫发改价管〔2015〕1347 号)。

2015 年 12 月 11 日,《河南省小型水库管理办法》经省政府第 76 次常务会议通过,2015 年 12 月 22 日以省政府令 171 号予以公布,自 2016 年 2 月 1 日起施行。

2015 年 8 月 18 日,河南省水利厅制定出台了《河南省水利厅关于推进依法治水的实施意见》。8 月 20 日,全国水政工作座谈会在河南郑州召开。水利部副部长蔡其华出席并讲话,水利部政法司李鹰司长主持,河南省政府胡向阳副秘书长到会致辞。省水利厅李柳身厅长在会上做了交流发言。

四、水权试点

2015 年 10 月 22—23 日,水利部在郑州市组织召开全国水权试点工作座谈会。水利部有关司局、流域机构以及 7 个全国水权试点省份、开展水权交易工作的 12 个省市水利部门领导等 50 余人参加了会议。水利部水资源司陈明忠司长出席会议并讲话,石秋池副司长主持,河南省水利厅厅长李柳身等与部领导进行了会谈,杨大勇副厅长在会上介绍了河南省水权试点工作进展情况。

2015 年 11 月 26 日,平顶山市政府与新密市政府在省水利厅正式签订南水北调水量交易意向书,标志着河南省也是我国水利史上首宗跨区域水量交易由构思变为现实,从此河南省进入利用市场机制优化配置水资源新时期。省水利厅李柳身厅长、杨大勇副厅长、郑州市杨富平副市长、平顶山市冯晓仙副市长,新密市委蒿铁群书记、新密长张红伟市长、省直有关单位和交易双方水利部门负责人等 20 多人出席签字仪式。杨大勇主持签字仪式。

第六章　　2016 年河南省水资源公报

2016 年全省年降水量 787.1 mm,折合降水总量 1 302.9 亿 m³,较 2015 年增加 11.8%,较多年均值偏多 2.1%,属平水年份。全省汛期 6—9 月降水量 434.5 mm,占全年的 55.2%,较多年均值偏少 11.0%。

2016 年全省水资源总量为 337.3 亿 m³,其中地表水资源量 220.1 亿 m³,地下水资源量 190.2 亿 m³,重复计算量 73.0 亿 m³。全省水资源总量比多年均值偏少 16.4%,比 2015 年增加 17.5%。产水模数为 20.4 万 m³/km²,产水系数为 0.26。

2016 年全省大中型水库(不包括小浪底、西霞院、三门峡三座大型水库)年末蓄水总量 52.5 亿 m³,比年初增加 4.7 亿 m³。其中,大型水库年末蓄水量 42.6 亿 m³,中型水库年末蓄水量 9.9 亿 m³。

2016 年末全省平原区浅层地下水位与 2015 年同期相比,平均上升 0.24 m,地下水储存量增加 7.6 亿 m³;平原区浅层地下水漏斗区总面积达 8 460 km²。

2016 年全省总供水量 227.6 亿 m³,其中地表水源供水量 105.0 亿 m³,地下水源供水量 119.8 亿 m³,集雨及其他非常规水源供水量 2.8 亿 m³。

2016 年全省总用水量 227.6 亿 m³,其中农、林、渔业用水(牲畜用水列入农业用水项,不再计入农村生活用水中)125.6 亿 m³(其中农田灌溉 110.6 亿 m³),工业用水 50.3 亿 m³,城乡生活、环境用水 51.7 亿 m³(其中城市生活、环境用水 38.8 亿 m³)。

2016 年全省人均用水量为 239 m³,万元 GDP(当年价)用水量为 45 m³,农田灌溉亩均用水量 166 m³,万元工业增加值(当年价)用水量为 29 m³(含火电),城镇人均生活综合用水量 213 L/d(含城市环境),农村居民生活综合用水量 73 L/d。

河南省对列入"全国重要江河湖泊水功能区划登记表"中 207 个水功能区实施监测,对应水质监测断面 219 个,涉及 36 条重要河流,监测评价河长 4 838.8 km。全年期评价结果:水质达到和优于Ⅲ类标准的河长 2 377.2 km,占总河长的 49.1%;水质为Ⅳ类的河长 563.4 km,占总河长的 11.6%;水质为Ⅴ类的河长 467.4 km,占总河长的 9.7%;水质为劣Ⅴ类的河长 1 298.1 km,占总河长的 26.8%;断流河长 132.7 km,占总河长的 2.7%。

全省涉及 164 个水功能区列入"全国重要江河湖泊水功能区近期达标评价名录",按照国家实行最严格水资源管理制度考核有关要求进行评价,其中 101 个功能区达标,水功能区达标率为 66.0%,较 2015 年提高 2.4%。

对全省 10 座大中型水库水质进行监测评价,无水库水质达到Ⅰ类标准;水质达到Ⅱ类标准的水库 3 个,占评价总数的 30.0%;达到Ⅲ类标准的水库 5 个,占评价总数的 50.0%;水质为劣Ⅴ类的 2 个,占评价总数的 20.0%。

对全省 227 眼地下水监测井进行水质监测评价,其中 29 眼井达到地下水质量Ⅲ类标准,占总监测井数的 12.8%;88 眼井达到地下水Ⅳ类标准,占总监测井数的 38.8%;110 眼井达到地下水Ⅴ类标准,占总监测井数的 48.4%。

第一节 水资源量

一、降水量

2016 年全省年降水量 787.1 mm,折合降水总量 1 302.9 亿 m³,较 2015 年增加 11.8%,较多年均值偏多 2.1%,属平水年份。

全省汛期 6—9 月降水量 434.5 mm,占全年降水量的 55.2%,较多年均值偏少 11.0%;非汛期降水量 352.6 mm,占全年降水量的 44.8%,比多年均值偏多 21.4%。

省辖海河流域年降水量 812.3 mm,比多年均值偏多 33.2%;黄河流域 655.6 mm,比多年均值偏多 3.5%;淮河流域 856.0 mm,比多年均值偏多 1.7%;长江流域年降水量 729.4 mm,比多年均值偏少 11.3%。

全省 18 个省辖市年降水量较多年均值偏少的有 10 个市,其中开封、南阳、漯河市偏少幅度均超过了 10%,分别为 16.1%、12.9% 和 12.3%。降水量较多年均值偏多的有 8 个市,豫北太行山区 5 市偏多幅度较大,安阳市偏多 35.8%,新乡市偏多 31.3%,焦作市偏多 22.3%,鹤壁市偏多 16.6%,济源市偏多 13.8%;豫南信阳市偏多 17.9%;郑州市和驻马店市偏多 5.0% 和 4.4%。

2016 年河南省各省辖市、省辖流域年降水量与 2015 年、多年均值比较详见表 6-1 及图 6-1。

表 6-1   2016 年河南省各省辖市、省辖流域年降水量表

分区名称	年降水量/mm	与 2015 年比较/%	与多年均值比较/%
郑州市	656.8	12.3	5.0
开封市	552.4	−6.0	−16.1
洛阳市	655.3	−3.8	−2.8
平顶山市	744.0	9.1	−9.1
安阳市	808.2	58.0	35.8
鹤壁市	734.0	49.6	16.6
新乡市	802.8	49.5	31.3
焦作市	719.8	27.4	22.3
濮阳市	550.0	−1.7	−2.1
许昌市	629.6	−8.0	−9.9
漯河市	676.8	−4.4	−12.3
三门峡市	653.5	−11.2	−3.3
南阳市	719.9	5.1	−12.9
商丘市	686.8	7.6	−5.0
信阳市	1 302.8	15.8	17.9
周口市	720.6	6.9	−4.2

续表 6-1

分区名称	年降水量/mm	与2015年比较/%	与多年均值比较/%
驻马店市	935.6	32.9	4.4
济源市	760.4	13.0	13.8
全省	787.1	11.8	2.0
海河	812.3	53.8	33.2
黄河	655.6	2.0	3.5
淮河	856.0	11.5	1.7
长江	729.4	6.8	-11.3

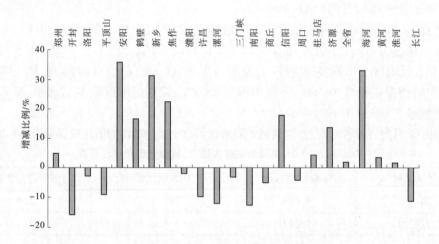

图 6-1　2016 年河南省各省辖市、省辖流域降水量与多年均值比较图

二、地表水资源量

2016 年全省地表水资源量 220.1 亿 m^3,折合径流深 133.0 mm,比多年均值 304.0 亿 m^3 偏少 27.6%,比 2015 年度偏多 17.9%。

省辖海河流域地表水资源量 17.0 亿 m^3,比多年均值增加 4.0%;黄河流域 27.0 亿 m^3,比多年均值减少 40.1%;淮河流域 149.7 亿 m^3,比多年均值减少 16.1%;长江流域 26.5 亿 m^3,比多年均值减少 58.8%。

地域上,豫北海河流域漳卫河山区地表水资源量比多年均值偏多 12.9%;豫南史灌河区偏多 61.5%,淮河上游区偏多 3.1%;其他区域均有不同程度的减少,其中长江流域唐白河水系比多年均值偏少幅度超过 60%,黄河流域伊洛河水系偏少幅度超过 50%。

全省 18 个省辖市地表水资源量较多年均值相比,除安阳市增加 14.5%、焦作市增加 9.75%、信阳市增加 18.5% 外,其他地市均有不同程度减少。南阳、洛阳、漯河市减幅在 60% 左右,郑州、平顶山、三门峡、驻马店、周口市减幅超过 40%;仅有鹤壁、济源市减幅在 10% 以内。

2016 年全省各省辖市、省辖流域地表水资源量详见表 6-2。

表 6-2　2016 年各省辖市、省辖流域水资源总量与多年均值比较表

省辖市及流域名称	降水量/亿 m³	地表水资源量/亿 m³	地下水资源量/亿 m³	地表水与地下水资源重复量/亿 m³	水资源总量/亿 m³	水资源总量与多年均值比较/%	产水系数
郑州市	49.49	4.55	7.49	2.44	9.60	-27.2	0.19
开封市	34.59	3.35	6.82	0.96	9.21	-19.8	0.27
洛阳市	99.81	10.56	9.92	7.20	13.28	-53.3	0.13
平顶山市	58.84	8.59	5.24	2.02	11.81	-35.6	0.20
安阳市	59.43	9.54	11.29	4.33	16.49	26.5	0.28
鹤壁市	15.69	1.99	3.14	1.25	3.88	4.7	0.25
新乡市	66.22	5.85	13.57	2.16	17.26	16.0	0.26
焦作市	28.80	4.56	6.79	1.50	9.84	30.3	0.34
濮阳市	23.04	1.25	4.93	1.64	4.54	-20.1	0.20
许昌市	31.34	2.58	5.42	0.78	7.22	-17.9	0.23
漯河市	18.23	1.27	3.09	0.26	4.10	-36.0	0.22
三门峡市	64.94	9.29	4.88	3.74	10.44	-35.5	0.16
南阳市	190.84	24.43	21.41	10.33	35.52	-48.1	0.19
商丘市	73.48	5.28	12.67	0.39	17.56	-11.4	0.24
信阳市	246.34	96.79	28.88	22.51	103.15	16.5	0.42
周口市	86.17	6.68	17.82	2.89	21.62	-18.3	0.25
驻马店市	141.22	21.18	24.99	7.54	38.63	-21.9	0.27
济源市	14.40	2.39	1.89	1.07	3.21	3.2	0.22
全省	1 302.87	220.13	190.23	73.01	337.35	-16.4	0.26
海河	124.58	17.00	25.66	8.33	34.33	24.3	0.28
黄河	237.08	26.96	30.87	13.77	44.06	-24.7	0.19
淮河	739.83	149.66	110.73	39.01	221.37	-10.0	0.30
长江	201.38	26.51	22.97	11.90	37.59	-47.3	0.19

2016 年全省入境水量 188.0 亿 m³,其中黄河流域入境 172.0 亿 m³(黄河干流三门峡以上入境 154.0 亿 m³),淮河流域入境 14.6 亿 m³,海河流域入境 1.8 亿 m³。全省出境水量 321.0 亿 m³,其中黄河流域出境 168.0 亿 m³,淮河流域出境 124.0 亿 m³,长江流域出境 14.4 亿 m³,海河流域出境 15.2 亿 m³。全省全年出入境水量差 133.0 亿 m³。

三、地下水资源量

2016 年全省地下水资源量 190.2 亿 m³,地下水资源模数平均 11.5 万 m³/km²。其中,山丘区 65.8 亿 m^3,平原区 137.4 亿 m^3,平原区与山丘区重复计算量 12.9 亿 m^3。2016 年全省地下水资源量与多年均值比较偏少 2.9%,较 2015 年增加 9.9%;省辖海河、黄河、淮河、长江流域地下水资源量分别为 25.7 亿 m^3、30.9 亿 m^3、110.7 亿 m^3、23.0 亿 m^3。2016 年各省辖市、省辖流域地下水资源量详见表 6-2。

四、水资源总量

2016 年全省水资源总量为 337.3 亿 m^3,其中地表水资源量 220.1 亿 m^3,地下水资源量 190.2 亿 m^3,重复计算量 73.0 亿 m^3。全省水资源总量与多年均值相比偏少 16.4%,较 2015 年增加 17.5%。产水模数为 20.4 万 m^3/km^2,产水系数为 0.26。

在流域区域上,省辖海河、黄河、淮河、长江流域水资源总量分别为 34.3 亿 m^3、44.1 亿 m^3、221.4 亿 m^3、37.6 亿 m^3。与多年均值相比,海河流域增加 24.3%,黄河流域减少 24.7%,淮河流域减少 10.0%,长江流域减少 47.3%。

在行政区域上,2016 年水资源总量与多年均值相比,安阳、濮阳、鹤壁、新乡、焦作和信阳市有所增加,其中焦作市增幅最大,达 30.3%,安阳市增幅 26.5%,信阳、新乡、鹤壁和济源市增幅在 3.2%~16.5%。其他省辖市普遍减少,其中洛阳市减幅最大,达 53.3%,南阳市减幅为 48.1%,三门峡、漯河、平顶山市减幅约 36%,郑州、濮阳、驻马店市减幅在 20.1%~27.2%,其他市减幅在 11.4%~19.8%。

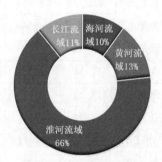

图 6-2　2016 年河南省流域分区水资源总量组成图

2016 年各省辖市、省辖流域水资源总量详见表 6-2,水资源总量各流域占比见图 6-2,各行政分区水资源总量与多年均值比较见图 6-3。

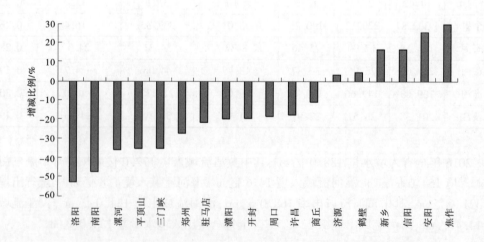

图 6-3　2016 年河南省各省辖市水资源总量与多年均值比较图

第二节　蓄水动态

一、大中型水库

2016 年全省 22 座大型水库和 104 座中型水库年末蓄水总量 52.5 亿 m³,比年初增加 4.7 亿 m³。其中,大型水库 42.6 亿 m³,比年初增加 3.0 亿 m³;中型水库 9.9 亿 m³,比 2015 年初增加 1.6 亿 m³。

其中,淮河流域大中型水库年末蓄水总量 30.8 亿 m³,比年初增加 4.5 亿 m³;黄河流域 10.5 亿 m³,比年初减少 1.6 亿 m³;长江流域 7.3 亿 m³,比年初增加 0.4 亿 m³;海河流域 4.0 亿 m³,比年初增加 1.4 亿 m³。

全省大型水库 2016 年初、年末蓄水情况详见表 6-3。

表 6-3　全省各大型水库 2016 年年初、年末蓄水量表　　　　单位:亿 m³

水库		小南海	盘石头	窄口	陆浑	故县	南湾	石山口	泼河	五岳	鲇鱼山	宿鸭湖	板桥
蓄水量	年初	0.167	0.915	0.903	4.998	5.240	5.170	0.876	1.209	0.863	3.740	1.860	2.202
	年末	0.382	1.129	0.785	4.056	4.700	6.594	1.182	1.243	0.869	4.883	2.518	1.495
蓄水变量		0.216	0.213	-0.119	-0.943	-0.540	1.424	0.306	0.034	0.006	1.143	0.658	-0.707

水库		薄山	石漫滩	昭平台	白龟山	孤石滩	燕山	白沙	宋家场	鸭河口	赵湾	全省合计
蓄水量	年初	1.817	0.646	1.593	1.602	0.265	1.491	0.147	0.642	3.855	0.094	39.589
	年末	2.093	0.134	1.984	1.449	0.378	1.704	0.176	0.689	3.958	0.169	42.631
年蓄水变量		0.276	-0.512	0.391	-0.153	0.112	0.214	0.029	0.047	0.103	0.075	3.042

二、浅层地下水动态

与上年同期相比,2016 年末全省平原区浅层地下水位平均上升 0.24 m,地下水储存量增加 7.6 亿 m³。其中,海河流域年降水量较 2015 年增加较多,地下水位平均上升 0.86 m,储存量增加 3.1 亿 m³;黄河流域水位平均上升 0.15 m,储存量增加 0.8 亿 m³;淮河流域水位平均上升 0.19 m,储存量增加 4.0 亿 m³;长江流域水位平均下降 0.14 m,储存量减少 0.3 亿 m³。1980 年以来浅层地下水储存量累计减少 102.3 亿 m³,其中海河流域减少 32.63 亿 m³,黄河流域减少 25.3 亿 m³,淮河流域减少 34.9 亿 m³,长江流域减少 9.6 亿 m³。1980 年以来河南省平原区浅层地下水储存量变化情况见图 6-4。

2016 年全省平原区浅层地下水漏斗区年末总面积达 8 460 km²,占平原区总面积的 10.0%,比上年同期减少 30 km²。其中,安阳-鹤壁-濮阳漏斗区面积为 7 380 km²,漏斗中心水位埋深 44.91 m;武陟-温县-孟州漏斗区面积 1 000 km²,漏斗中心水位埋深

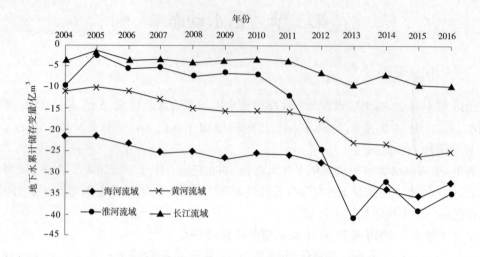

图 6-4　1980 年以来河南省平原区浅层地下水储存量累计变化图

27.29 m；新乡凤泉–小冀漏斗区面积 80 km²，漏斗中心水位埋深 18.12 m。

第三节　供用水量

一、供水量

2016 年全省总供水量 227.6 亿 m³，其中地表水源供水量 105.0 亿 m³，占总供水量的 46.1%；地下水源供水量 119.8 亿 m³，占总供水量的 52.6%；集雨及其他非常规水源供水 2.8 亿 m³，占总供水量的 1.2%。在地表水开发利用中，跨水资源一级区调水和引用入过境水量约 48.1 亿 m³，其中南水北调中线工程调水量 13.3 亿 m³（含引丹灌区 4.5 亿 m³），引黄河干流水量 29.0 亿 m³；全省跨水资源一级区调水 25.5 亿 m³（含南水北调中线工程调入淮河、黄河、海河流域 8.1 亿 m³）。在地下水源利用中，开采浅层地下水 114.4 亿 m³，中深层地下水 5.4 亿 m³。

2016 年省辖海河流域供水量 35.1 亿 m³，占全省总供水量的 15.4%；黄河流域供水量 50.7 亿 m³，占全省总供水量的 22.3%；淮河流域供水量 119.4 亿 m³，占全省总供水量的 52.4%；长江流域供水量 22.5 亿 m³，占全省总供水量的 9.9%。

安阳、鹤壁、焦作、新乡、开封、许昌、漯河、商丘、周口、驻马店、南阳等市以地下水源供水为主，地下水源供水量占其总供水量的 50% 以上，周口市最高，达 77.7%，其他市则以地表水源供水为主，地表水源供水量占其总供水量的 50% 以上，信阳市最高，达 91.5%。全省各省辖市供水量及水源结构见图 6-5。

二、用水量

2016 年全省总用水量 227.6 亿 m³，其中农业用水（牲畜用水统计到农业用水项，不

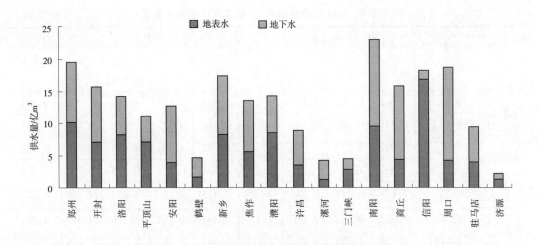

图 6-5 2016 年全省各省辖市供水量及水源结构

再计入农村生活中)125. 6 亿 m³ (其中农田灌溉 110. 6 亿 m³),占总用水量的 55. 2%;工业用水 50. 3 亿 m³,占总用水量的 22. 1%;城乡生活、环境用水 51. 7 亿 m³ (城市生活、环境用水 38. 8 亿 m³),占总用水量的 22. 7%。2016 年全省、省辖流域用水结构详见图 6-6。

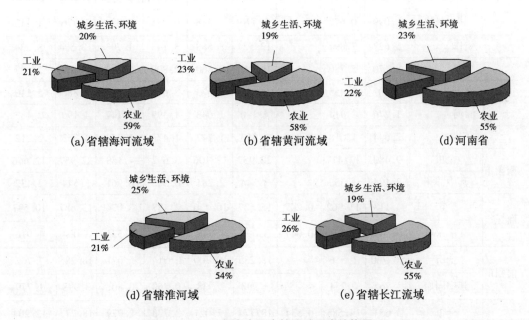

图 6-6 2016 年全省及省辖流域用水结构图

2016 年省辖海河流域用水量 35. 1 亿 m³,占全省总用水量的 15. 4%;黄河流域 50. 7 亿 m³,占全省总用水量的 22. 3%;淮河流域 119. 4 亿 m³,占全省总用水量的 52. 4%;长江流域用水量 22. 5 亿 m³,占全省总用水量的 9. 9%。2016 年各省辖市、省辖流域供用耗水量见表 6-4。

表 6-4　2016 年各省辖市、省辖流域供用耗水量表　　　　　水量:亿 m³

省辖市及流域名称		供水量				用水量				耗水量
		地表水	地下水	其他	合计	农业	工业	城乡生活、环境	合计	
郑州市	全市	9.048	9.362	1.124	19.534	5.498	5.470	8.566	19.534	9.191
	其中巩义	0.658	0.765	0.112	1.535	0.382	0.552	0.601	1.535	0.767
开封市	全市	7.092	8.516		15.607	9.080	2.200	4.328	15.607	9.300
	其中兰考	1.037	1.280		2.316	1.321	0.319	0.676	2.316	1.296
洛阳市		7.958	6.114	0.238	14.309	4.925	5.326	4.059	14.309	6.461
平顶山	全市	6.952	4.011	0.140	11.103	3.444	5.899	1.760	11.103	4.227
	其中汝州	0.575	1.523	0.016	2.115	1.387	0.462	0.265	2.115	1.196
安阳	全市	3.956	8.809		12.765	7.905	1.684	3.177	12.765	8.151
	其中滑县	0.671	2.568		3.239	2.241	0.114	0.884	3.239	2.331
鹤壁		1.591	2.951	0.029	4.570	3.034	0.632	0.904	4.570	3.105
新乡	全市	8.255	9.013		17.268	12.052	2.557	2.659	17.268	10.268
	其中长垣	1.099	0.677		1.776	1.218	0.225	0.334	1.776	1.112
焦作		5.627	7.897		13.524	8.588	3.143	1.793	13.524	8.234
濮阳		8.470	5.780		14.250	9.660	2.800	1.790	14.250	7.937
许昌		3.107	5.455	0.324	8.886	4.023	2.619	2.244	8.886	5.110
漯河		1.276	2.914		4.190	1.643	1.399	1.147	4.190	2.137
三门峡		2.694	1.618	0.041	4.353	1.547	1.473	1.333	4.353	2.212
南阳市	全市	9.480	13.477		22.957	13.106	5.692	4.159	22.957	12.666
	其中邓州	2.194	1.350		3.544	2.281	0.302	0.961	3.544	2.132
商丘市	全市	4.118	11.362	0.207	15.687	10.426	2.187	3.074	15.687	10.597
	其中永城	0.744	2.307	0.044	3.094	1.744	0.814	0.535	3.094	1.916
信阳市	全市	16.730	1.556		18.285	10.700	2.514	5.071	18.285	7.762
	其中固始	3.765	0.234		3.998	2.938	0.260	0.801	3.998	1.779
周口市	全市	3.653	14.585	0.534	18.772	13.021	2.773	2.979	18.772	12.204
	其中鹿邑	0.161	1.316		1.478	0.866	0.330	0.282	1.478	0.909
驻马店市	全市	3.811	5.562	0.094	9.467	6.041	1.281	2.145	9.467	6.324
	其中新蔡	0.057	0.480		0.537	0.313	0.006	0.217	0.537	0.422

续表 6-4

省辖市及流域名称	供水量				用水量				耗水量
	地表水	地下水	其他	合计	农业	工业	城乡生活、环境	合计	
济源市	1.192	0.838	0.087	2.117	0.912	0.656	0.549	2.117	1.335
全省	105.008	119.817	2.819	227.643	125.603	50.305	51.735	227.643	127.220
海河	13.685	21.411	0.029	35.125	20.446	7.485	7.195	35.125	20.729
黄河	26.358	23.808	0.518	50.683	29.056	11.747	9.880	50.683	28.104
淮河	55.475	61.615	2.272	119.362	63.702	25.324	30.337	119.362	66.023
长江	9.490	12.983		22.473	12.400	5.749	4.323	22.473	12.364

注:2016 年起牲畜用水统计到农业用水项,不再统计到农村生活中。

由于水源条件、产业结构、生活水平和经济发展状况的差异,各省辖市用水量及其结构有所不同。郑州、洛阳、平顶山、许昌、漯河、三门峡等市工业用水量相对较大,占其用水总量的比例超过 25%;安阳、鹤壁、新乡、焦作、濮阳、商丘、周口、驻马店等市农业用水占比例相对较大,均在 60% 以上。2016 年全省各省辖市用水及其结构详见图 6-7。

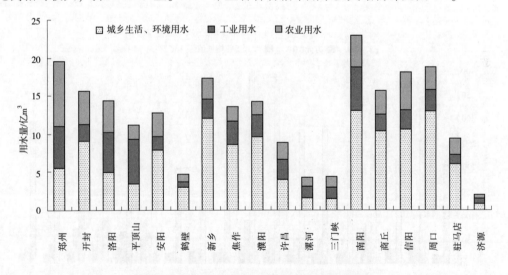

图 6-7　2016 年全省各省辖市用水及其结构图

三、用水消耗量

2016 年全省用水消耗总量 127.2 亿 m³,占总用水量的 55.9%。其中,农业用水消耗量占全省用水消耗总量的 70.3%,工业用水消耗量占 9.3%,城乡生活、环境用水消耗量占 20.4%。

四、废污水排放量

根据用水量和耗水量估算,2016年全省废污水排放总量56.9亿 m³,其中工业(含建筑业)废水37.8亿 m³,占66.3%;城市综合生活污水19.2亿 m³,占33.7%。按流域分区统计,省辖海河流域8.1亿 m³,黄河流域12.2亿 m³,淮河流域30.2亿 m³,长江流域6.4亿 m³。

五、用水指标

2016年全省人均用水量为239 m³;万元 GDP(当年价)用水量为45 m³;农田灌溉亩均用水量166 m³;万元工业增加值(当年价)用水量为29 m³(含火电);人均生活用水量,城镇人均用水213 L/d(含城市环境),农村居民生活人均用水73 L/d。

人均用水量大于300 m³ 的省辖市有开封、新乡、焦作、濮阳市等,其中濮阳市最大为393 m³,其次焦作市381 m³;漯河、三门峡、驻马店等市人均用水量小于200 m³。万元GDP 用水量最大的省辖市是濮阳市,为89 m³,郑州、洛阳、安阳、鹤壁、许昌、三门峡、漯河、驻马店、济源等市均小于50 m³,其中郑州市最小为15 m³。2016年各省辖市用水指标详见图6-8。全省2003—2016年用水指标变化趋势图见图6-9。

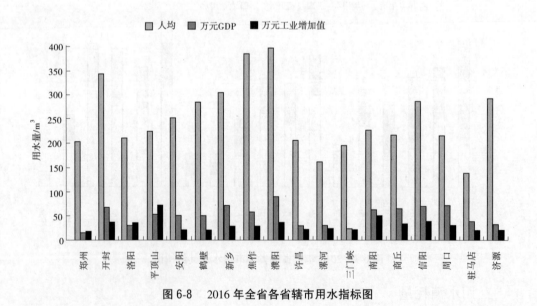

图6-8　2016年全省各省辖市用水指标图

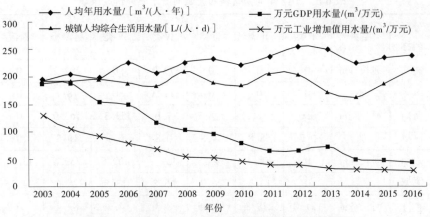

图6-9　　河南省2003—2016年用水指标变化趋势图

第四节　水体水质

一、河流水质评价

(一)全省河流水质评价

2016年河南省共有河流水质监测断面219个,涉及36条重要河流,监测河长4 838.8 km。采用《地表水环境质量标准》(GB 3838—2002)分全年期、汛期、非汛期进行水质评价分析。

全年期评价结果:水质达到和优于Ⅲ类标准的河长2 377.2 km,占总河长的49.1%;水质为Ⅳ类的河长563.4 km,占总河长的11.6%;水质为Ⅴ类的河长467.4 km,占总河长的9.7%;水质为劣Ⅴ类的河长1 298.1 km,占总河长的26.8%;断流河长132.7 km,占总河长的2.7%。水质评价结果见表6-5及图6-10。

(二)海河流域

对其16个河流型水质站进行监测,总河长371.2 km,参与评价河流3条,监测河段水体污染非常严重。按全年期评价,其中只有共产主义渠刘庄水文站水质为Ⅳ类,占其流域评价总河长的21.3%;其余河段水质均为劣Ⅴ类,占其流域评价总河长的78.7%。主要污染项目为氨氮、化学需氧量、总磷。

(三)黄河流域

对其48个河流型水质站进行监测,总河长871.1 km,参与评价河流8条。按全年期评价,水质为Ⅰ~Ⅲ类的河长646.9 km,占其流域评价总河长的74.3%;水质为Ⅳ类的河长7.0 km,占其流域评价总河长的0.8%;水质为Ⅴ类的河长53.3 km,占其流域评价总河长的6.1%;水质为劣Ⅴ类的河长163.9 km,占其流域评价总河长的18.8%。

表 6-5 2016 年河南省辖四流域河流水质评价成果表

水期	分区名称	项目	I 类	II 类	III 类	IV 类	V 类	劣 V 类	断流	合计
全年期	海河流域	河长/km	0	0	0	79.0	0	292.2	0	371.2
		%	0	0	0	21.3	0	78.7	0	100.0
	黄河流域	河长/km	6.0	512.2	128.7	7.0	53.3	163.9	0	871.1
		%	0.7	58.8	14.8	0.8	6.1	18.8	0	100.0
	淮河流域	河长/km	0	404.5	793.5	469.1	409.5	759.6	132.7	2 968.9
		%	0	13.6	26.7	15.8	13.8	25.6	4.5	100.0
	长江流域	河长/km	131.0	278.8	122.5	8.3	4.6	82.4	0	627.6
		%	20.9	44.4	19.5	1.3	0.7	13.1	0	100.0
	全省	河长/km	137.0	1 195.5	1 044.7	563.4	467.4	1 298.1	132.7	4 838.8
		%	2.8	24.7	21.6	11.6	9.7	26.8	2.7	100.0
汛期	海河流域	河长/km	0	0	0	79.0	0	292.2	0	371.2
		%	0	0	0	21.3	0	78.7	0	100.0
	黄河流域	河长/km	33.0	430.2	173.2	107.1	22.3	99.3	6.0	871.1
		%	3.8	49.4	19.9	12.3	2.6	11.4	0.7	100.0
	淮河流域	河长/km	0	326.2	787.3	672.9	385.2	664.6	132.7	2 968.9
		%	0	11.0	26.5	22.7	13.0	22.4	4.5	100.0
	长江流域	河长/km	152.0	204.5	177.8	6.3	0	87.0	0	627.6
		%	24.2	32.6	28.3	1.0	0	13.9	0	100.0
	全省	河长/km	185.0	960.9	1 138.3	865.3	407.5	1 143.1	138.7	4 838.8
		%	3.8	19.9	23.5	17.9	8.4	23.6	2.9	100.0
非汛期	海河流域	河长/km	0	0	0	79.0	0	292.2	0	371.2
		%	0	0	0	21.3	0	78.7	0	100.0
	黄河流域	河长/km	0	470.7	166.7	7.0	28.3	188.9	9.5	871.1
		%	0	54.0	19.1	0.8	3.2	21.7	1.1	100.0
	淮河流域	河长/km	0	482.3	619.2	510.8	358.3	856.8	141.5	2 968.9
		%	0	16.2	20.9	17.2	12.1	28.9	4.8	100.0
	长江流域	河长/km	131.0	203.3	179.5	31.4	0	82.4	0	627.6
		%	20.9	32.4	28.6	5.0	0	13.1	0	100.0
	全省	河长/km	131.0	1 156.3	965.4	628.2	386.6	1 420.3	151.0	4 838.8
		%	2.7	23.9	19.9	13.0	8.0	29.4	3.1	100.0

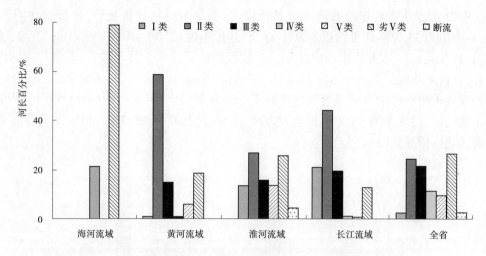

图6-10 2016年河南省辖四流域河流水质类别图(全年期,占评价河长%)

(四)淮河流域

对其121个河流型水质站进行监测,总河长2 968.9 km,其中5个水质站全年断流,参与评价河流20条。按全年期评价:水质为Ⅱ~Ⅲ类的河长1 198.0 km,占其流域评价总河长的40.4%;水质为Ⅳ类的河长469.1 km,占其流域评价总河长的15.8%;水质为Ⅴ类的河长409.5 km,占其流域评价总河长的13.8%;水质为劣Ⅴ类的河长759.6 km,占其流域评价总河长的25.6%;断流河长132.7 km,占其流域评价总河长的4.5%。

(五)长江流域

对其24个河流型水质站进行监测,总评价河长627.6 km,参与评价河流4条。按全年期评价,水质为Ⅰ~Ⅲ类的河长532.3 km,占其流域评价总河长的84.8%;水质为Ⅳ类的河长8.3 km,占其流域评价总河长的1.3%;水质为Ⅴ类的河长4.6 km,占其流域评价总河长的0.7%;水质为劣Ⅴ类的河长82.4 km,占其流域评价总河长的13.1%。

2016年全省和各省辖流域水质评价情况详见表6-5和图6-10。

二、水功能区达标评价

2016年河南省列入《全国重要江河湖泊水功能区划(2011—2030)》中地表水功能区249个,其中有164个列入"全国重要江河湖泊水功能区近期达标评价名录"。按照水利部和省辖四流域重要江河湖泊水功能区水质达标评价技术要求,其中流域监测评价23个省界缓冲区、6个黄河干流水功能区、1个调水水源地保护区和1个渔业用水区,省(区)监测评价其余133个水功能区。采用限制纳污红线主要控制项目氨氮和高锰酸盐指数(或COD)进行水质评价分析。

评价结果表明:在上述164个水功能区中,8个水功能区连续断流6个月及以上,不参与达标评价统计;3个排污控制区没有水质目标,不参与达标评价统计;其余153个水功能区中,有101个水功能区达标。2016年全省水功能区达标率为66.0%。具体水功能区达标情况如下:

评价保护区16个,达标率为100%;评价保留区8个,达标率为87.5%;23个省界缓冲区中,2个水功能区连续断流6个月及以上,不参与达标评价统计,评价水功能区21个,达标率为33.3%;评价饮用水源区23个,达标率为87.0%;评价工业用水区2个,达标率为50.0%;52个农业用水区中,5个水功能区连续断流6个月及以上,不参与达标评价统计,评价水功能区47个,达标率为55.3%;评价渔业用水区5个,达标率为100.0%;14个景观娱乐用水区中,1个功能区连续断流6个月及以上,不参与达标评价统计,评价13个水功能区,达标率为53.8%;评价过渡区18个,达标率为66.7%。2016年全省各类水功能区达标情况见图6-11。

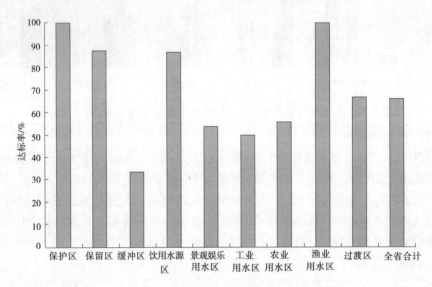

图6-11　2016年河南省各类水功能区达标率统计图

三、水库水质

2016年对全省10座大中型水库水质进行监测,其中黄河流域1座,淮河流域8座,长江流域1座。依据《地表水环境质量标准》(GB 3838—2002)进行评价。

无水库水质达到Ⅰ类标准;水质达到Ⅱ类标准的水库3个,占评价总数的30.0%;水质达到Ⅲ类标准的水库5个,占评价总数的50.0%;水质为劣Ⅴ类标准的水库2个,占评价总数的20.0%;没有水质为Ⅳ类、Ⅴ类的水库。2016年河南省水库水质类别比例见图6-12。

四、地下水水质

2016年全省监测地下水井227眼。依据《地下水质量标准》(GB/T 14848—93)进行评价,采用"地下水单组份评价"方法进行水质评价。评价结果显示:其中29眼井水质达到地下水Ⅲ类标准,占总监测井数的12.8%;88眼井达到地下水Ⅳ类标准,占总监测井数的38.8%;110眼井达到地下水Ⅴ类标准,占总监测井数的48.4%,详见图6-13。

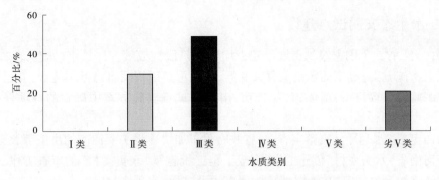

图 6-12　2016 年河南省水库水质类别比例图

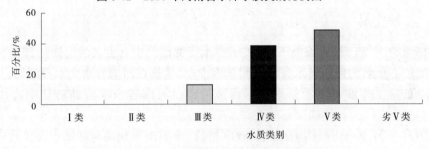

图 6-13　2016 年全省地下水水资源质量统计图

第五节　水资源管理

一、实行最严格水资源管理制度

2016 年 5 月 26—30 日,国家水资源考核第二工作组对河南省 2015 年度实行最严格水资源管理制度落实情况进行了重点抽查和现场检查,并在郑州召开了座谈会。经过国家考核组资料复核和现场检查,在全国 30 个省(区)考核中,河南省考核结果为良好等级,考核名次继续保持在全国中上游位置。

2016 年 4 月 19 日至 5 月 12 日,根据河南省政府关于实行最严格水资源管理制度考核工作的部署要求,省水利厅会同省发展改革委、工业和信息化委、财政厅、环保厅、住房城乡建设厅等 10 个部门组成 6 个考核组,对 18 个省辖市、10 个省直管县 2015 年度实行最严格水资源管理制度落实情况进行了现场检查和年度考核。6 月 14 日,河南省政府办公厅印发《关于公布 2015 年度实行最严格水资源管理制度考核结果的通知》,正式公布了考核结果。11 月 28 日,河南省政府印发《关于表扬"十二五"时期实行最严格水资源管理制度考核优秀市县政府的通报》,对在"十二五"期间考核结果为优秀等级的许昌、安阳、济源、郑州、焦作、南阳市和长垣县、永城市等 8 个市(县)进行了通报表扬。各省辖市也对所辖县(区)进行了考核。

2016 年 12 月 29 日,省水利厅印发《河南省"十三五"水资源管理"三条红线"年度控制目标》,将"三条红线"年度控制目标分解下发至各省辖市、省直管县人民政府实施。

二、水生态文明试点建设

2016 年,省 5 个国家级试点城市建设均取得阶段性成效。许昌市《水生态文明城市建设试点实施方案》确定的示范工程共 9 类 55 项重点工程项目已基本完成,并已申请水利部组织验收。郑州市、洛阳市、焦作市、南阳市试点实施方案中确定的各项任务顺利实施。

2016 年,省水利厅认真落实省委、省政府关于加快建设美丽河南的决策部署,继续组织做好河南省"水美乡村"创建工作,完成了第二批省级"水美乡村"的审查工作,命名郑州市观音寺镇濮水村等 19 个村(镇)为河南省第二批"水美乡村"。

三、水权交易

2016 年 7 月 28 日,省编办下发《关于省水资源监测中心更名的通知》,同意河南省水资源监测中心更名为河南省水资源监测管理中心,挂靠在河南省水文水资源局,具体负责水权试点日常工作和水资源管理技术保障工作。河南省水权收储转让中心也在加紧筹建。

2016 年 9 月 19 日,经南阳市人民政府授权,南阳市水利局与新郑市人民政府签订了水权交易协议。根据协议,南阳市每年向新郑市转让南水北调分配水量 8 000 万 m³,交易期限为 3 年,交易水量共计 2.4 亿 m³,交易价格为 0.87 元/m³。水权交易协议的签订将有效缓解新郑市水资源短缺问题。

2016 年 10 月 28 日,为有效防控河南省南水北调中线工程水量交易风险,维护交易各方的合法权益,保障水量交易公正有序,省水利厅、河南省南水北调办制定《河南省南水北调水量交易风险防控指导意见》并印发各市、县执行。

2016 年 12 月 29 日,经南阳市人民政府授权,南阳市水利局与登封市人民政府签订了水权交易协议。根据协议,南阳市每年向登封市转让南水北调分配水量 2 000 万 m³,交易期限为 3 年,交易水量共计 6 000 万 m³,交易价格为 0.87 元/m³。自 2015 年我省水权试点工作启动以来,河南省水利厅已成功促成三宗跨流域跨区域水量交易,累计交易水量 1.22 亿 m³。

四、地下水管理与保护

2016 年 8 月 8—12 日,水利部南水北调受水区地下水压采工作技术评估组对我省地下水压采情况进行了现场检查评估。核查组对我省地下水压采工作取得的成效给予了充分肯定,同时指出,要采取措施加快规划受水水厂建设,规范封井措施,结合当前地下水水质监测体系建设和应急供水需求,选取好监测井和应急备用水源。

2016 年 9 月 21—22 日,国务院南水北调受水区地下水压采评估考核工作组对我省南水北调受水区地下水压采情况进行了检查。考核组对河南省在地下水压采工作中取得的阶段性成效予以肯定,并对进一步落实政府主体责任、加大配套水厂建设力度、加快区域综合水价改革、规范自备井封井技术提出了建议。

2016 年 11 月 7 日,河南省水利厅、河南省住房和城乡建设厅联合印发《河南省公共供水管网覆盖范围内封井方案》,明确了工作目标和各省辖市、省直管县主要任务。2017年底前,全省计划封井 4 960 眼,削减地下水开采量 1.93 亿 m^3。

五、水利法治建设

2016 年 10 月 11 日,省政府颁布《河南省南水北调配套工程供用水和设施保护管理办法》,自 2016 年 12 月 1 日起施行。

第七章　2017年河南省水资源公报

　　2017年全省年降水量827.8 mm,折合降水总量1 370.260亿 m³,较2016年增加5.2%,较多年均值偏多7.3%,属偏丰年份。全省汛期6—9月降水量520.3 mm,占全年降水量的62.9%,较多年均值偏多7.3%。

　　2017年全省水资源总量为423.06亿 m³,其中地表水资源量311.24亿 m³,地下水资源量206.54亿 m³,重复计算量94.73亿 m³。全省水资源总量比多年均值偏多4.8 %,比2016年增加25.4%。产水模数为25.6万 m³/km²,产水系数为0.31。

　　2017年全省大中型水库(不包括小浪底、西霞院、三门峡水库)年末蓄水总量60.4亿 m³,比年初增加8.0亿 m³。其中,大型水库年末蓄水量50.2亿 m³,中型水库10.2亿 m³。

　　2017年末全省平原区浅层地下水位与2016年同期相比,平均上升0.24 m,地下水储存量增加5.16亿 m³;平原区浅层地下水漏斗区总面积达8 760 km²。

　　2017年全省总供水量233.8亿 m³,其中地表水源供水量113.1亿 m³,地下水源供水量115.5亿 m³,集雨及其他非常规水源供水量5.1亿 m³。

　　2017年全省总用水量233.8亿 m³,其中农、林、渔业用水122.8亿 m³(其中农田灌溉108.5亿 m³),工业用水51.0亿 m³;城乡生活、环境综合用水60.0亿 m³(其中城市生活、环境用水35.6亿 m³,不含城市河湖补水)。

　　2017年全省人均用水量为245 m³;万元GDP(当年价)用水量为40 m³;农田灌溉亩均用水量159 m³;万元工业增加值(当年价)用水量为26 m³(含火电);人均生活用水量,城镇人均用水189 L/d(含城市环境,不含河湖补水),农村居民生活人均用水73 L/d。

　　全省列入《全国重要江河湖泊水功能区划(2011—2030年)》中地表水功能区共有249个,2017年对涉及我省的239个功能区进行了监测,对应水质监测断面251个,监测河长6 326.4 km。全年期评价结果:水质达到和优于Ⅲ类标准的河长3 633.1 km,占总河长的57.5%;水质为Ⅳ类的河长837.2 km,占总河长的13.2%;水质为Ⅴ类的河长623.0 km,占总河长的9.8%;水质为劣Ⅴ类的河长1 039.1 km,占总河长的16.4%;断流河长194 km,占总河长的3.1%。

　　全省共有179个水功能区列入全国重要江河湖泊水功能区"十三五"达标评价名录。按照国家实行最严格水资源管理制度考核有关要求进行评价,其中119个水功能区达标,达标率为66.5%。

　　对全省11座大中型水库水质进行监测评价,无水库水质达到Ⅰ类标准;水质达到Ⅱ类标准的水库2个,占评价总数的18.2%;水质达到Ⅲ类标准的水库6个,占评价总数的54.5%;水质达到Ⅳ类标准的2个,占评价总数的18.2%;水质达到劣Ⅴ类标准的1个,占评价总数的9.1%。

第一节　水资源量

一、降水量

2017年全省年降水量827.8 mm,折合降水总量1 370.260亿 m³,较2016年增加5.2%,较多年均值偏多7.3%,属偏丰年份。

全省汛期6—9月降水量520.3 mm,占全年降水量的62.9%,较多年均值偏多7.3%;非汛期降水量307.5 mm,占全年降水量的37.1%,比多年均值偏多6.0%左右。

省辖海河流域年降水量503.5 mm,比多年均值偏少17.4%;黄河流域611.4 mm,比多年均值偏少3.4%;淮河流域945.2 mm,比多年均值偏多12.3%;长江流域923.7 mm,比多年均值偏多12.3%。

全省18个省辖市年降水量较多年均值偏多的有11个市,其中驻马店、信阳市分别偏多20.4%和20.1%,漯河和南阳市分别偏多16.1%和13.4%,其他7市偏多幅度均在10%以下;降水量较多年均值偏少的有7个市,豫北5市加上郑州、开封市,其中新乡市偏少幅度最大,为26.9%,其余6市偏少幅度均在10%以内。

2017年河南省各省辖市、省辖流域年降水量与2016年、多年均值比较见表7-1及图7-1。

表7-1　2017年河南省各省辖市、省辖流域年降水量表

分区名称	年降水量/mm	与2016年比较/%	与多年均值比较/%
郑州市	541.0	-17.6	-13.5
开封市	590.8	7.0	-10.3
洛阳市	716.9	9.4	6.3
平顶山市	853.0	14.7	4.2
安阳市	511.6	-36.7	-14.1
鹤壁市	543.9	-25.9	-13.6
新乡市	447.2	-44.3	-26.9
焦作市	478.3	-33.5	-18.7
濮阳市	499.5	-9.2	-11.1
许昌市	742.4	17.9	6.2
漯河市	895.9	32.4	16.1
三门峡市	713.1	9.1	5.6
南阳市	937.0	30.2	13.4
商丘市	729.3	6.2	0.8
信阳市	1 327.9	1.9	20.1
周口市	874.6	21.4	16.2
驻马店市	1 079.4	15.4	20.4

续表 7-1

分区名称	年降水量/mm	与 2016 年比较/%	与多年均值比较/%
济源市	669.2	-12.0	0.1
全省	827.8	5.2	7.3
海河	503.5	-38.0	-17.4
黄河	611.4	-6.7	-3.4
淮河	945.2	10.4	12.3
长江	923.7	26.6	7.3

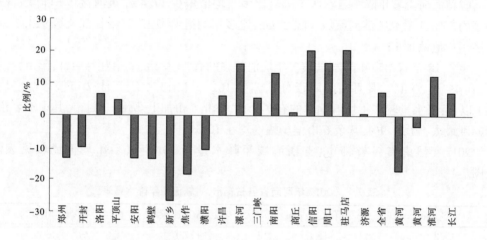

图 7-1　2017 年河南省各省辖市、省辖流域降水量与多年均值比较图

二、地表水资源量

2017 年全省地表水资源量 311.24 亿 m³,折合径流深 188.0 mm,比多年均值 304.0 亿 m³ 偏多 2.4%,比上年度偏多 41.4%。

省辖海河流域地表水资源量 8.20 亿 m³,比多年均值偏少 49.8%;黄河流域 32.3 亿 m³,比多年均值偏少 28.2%;淮河流域 208.8 亿 m³,比多年均值增加 17.1%;长江流域 61.9 亿 m³,比多年均值偏少 3.8%。

地域上,豫北海河流域的新乡市、安阳市等市地表水资源量比多年均值偏少超过 50%;淮河上游区域偏多 30%~50%,豫南史灌河区偏多 30% 左右;其他区域均有不同程度的减少,其中长江流域唐白河水系比多年均值偏少幅度为 3.5% 左右,黄河流域伊洛河水系偏少幅度超过 20%。

全省 18 个省辖市地表水资源量与多年均值相比,除信阳市增加 32.3%、驻马店市增加 42.3%、南阳市增加 1.7% 外,其他地市均有不同程度的减少。安阳市、新乡市减幅超过 50%,郑州、鹤壁、濮阳市减幅超过 40%,周口、漯河市减幅超过 30%;仅有开封市减幅在 10% 以内。

2017 年全省各省辖市、省辖流域地表水资源量详见表 7-2。

表 7-2 2017 年各省辖市、省辖流域水资源量与多年均值比较表

分区名称	降水量/亿 m³	地表水资源量/亿 m³	地下水资源量/亿 m³	地表水与地下水资源重复量/亿 m³	水资源总量/亿 m³	水资源总量与多年均值比较/%	产水系数
郑州市	40.76	3.87	5.67	2.42	7.12	−46.0	0.17
开封市	37.00	3.76	7.53	0.98	10.31	−10.1	0.28
洛阳市	109.18	20.31	13.12	10.71	22.72	−20.1	0.21
平顶山市	67.46	13.88	6.35	2.72	17.52	−4.5	0.26
安阳市	37.62	3.94	7.49	1.69	9.75	−25.2	0.26
鹤壁市	11.62	1.16	2.15	0.56	2.76	−25.5	0.24
新乡市	36.89	3.39	8.76	2.74	9.40	−36.8	0.25
焦作市	19.14	2.97	4.87	0.96	6.87	−9.0	0.36
濮阳市	20.92	1.05	4.99	1.83	4.21	−25.9	0.20
许昌市	36.96	3.39	5.92	0.76	8.56	−2.7	0.23
漯河市	24.14	2.28	5.01	0.43	6.85	7.1	0.28
三门峡市	70.87	12.29	7.84	6.90	13.23	−18.3	0.19
南阳市	248.38	62.74	27.34	16.70	73.37	7.2	0.30
商丘市	78.04	5.55	12.76	0.42	17.89	−9.7	0.23
信阳市	251.08	108.11	35.57	28.86	114.82	29.7	0.46
周口市	104.58	8.82	20.65	2.67	26.81	1.3	0.26
驻马店市	162.94	51.62	28.48	12.16	67.94	37.3	0.42
济源市	12.68	2.11	2.05	1.24	2.92	−6.1	0.23
全省	1 370.26	311.24	206.54	94.73	423.06	4.8	0.31
海河流域	77.22	8.20	17.42	4.89	20.73	−24.9	0.27
黄河流域	221.11	32.29	32.73	19.81	45.22	−22.8	0.20
淮河流域	816.90	208.79	127.26	51.52	284.53	15.6	0.35
长江流域	255.03	61.95	29.12	18.50	72.57	1.8	0.28

2017 年全省入境水量 235.2 亿 m³。其中,黄河流域入境 208.5 亿 m³(黄河干流三门峡以上入境 191.9 亿 m³),淮河流域入境 9.9 亿 m³,长江流域入境 16.1 亿 m³,海河流域入境 0.76 亿 m³。全省出境水量 416.0 亿 m³。其中,黄河流域出境 182.0 亿 m³,淮河流域出境 158.5 亿 m³,长江流域出境 66.1 亿 m³,海河流域出境 9.4 亿 m³。全省全年出入境水量差 180.8 亿 m³。

三、地下水资源量

全省地下水资源量 206.54 亿 m³,地下水资源模数平均 12.48 万 m³/km²。其中,山

丘区 81.79 亿 m³,平原区 138.40 亿 m³,平原区与山丘区重复计算量 13.65 亿 m³。全省地下水资源量比多年均值增加 5.4%,比 2016 年增加 8.6%;省辖海河、黄河、淮河、长江流域地下水资源量分别为 17.42 亿 m³、32.73 亿 m³、127.26 亿 m³、29.12 亿 m³。2017 年各省辖市、省辖流域地下水资源量详见表 7-2。

四、水资源总量

全省水资源总量为 423.06 亿 m³。其中,地表水资源量 311.24 亿 m³,地下水资源量 206.54 亿 m³,重复计算量 94.73 亿 m³。水资源总量比多年均值偏多 4.8%,比 2016 年增加 25.4%。产水模数为 25.6 万 m³/km²,产水系数为 0.31。

省辖海河、黄河、淮河、长江流域水资源总量分别为 20.73 亿 m³、45.22 亿 m³、284.53 亿 m³、72.57 亿 m³。与多年均值相比,海河流域减少 24.9%,黄河流域减少 22.8%,淮河流域增加 15.6%,长江流域增加 1.8%。

与多年均值比较,大部分省辖市水资源总量普遍减少,豫南驻马店、信阳等市有所增加。其中,郑州市减幅最大,达 46.0%,新乡市减幅为 36.8%,安阳、鹤壁、濮阳市减幅在 20% 以上,其他市减幅在 2.7%~18.3%;驻马店市增幅最大,达 37.3%,信阳市增幅为 29.7%,漯河、南阳和周口市增幅在 1.3%~7.2%。2017 年各省辖市、省辖流域水资源量详见表 7-2,水资源总量各流域占比见图 7-2,各行政分区水资源总量与多年均值比较见图 7-3。

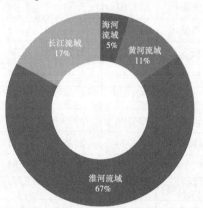

图 7-2　2017 年河南省流域分区水资源总量组成图

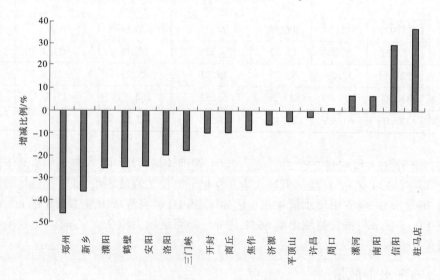

图 7-3　2017 年河南省各省辖市水资源总量与多年均值比较图

第二节　蓄水动态

一、大中型水库

全省22座大型水库和104座中型水库年末蓄水总量60.40亿 m³,比年初增加8.01亿 m³。其中,大型水库50.20亿 m³,比年初增加7.67亿 m³;中型水库10.20亿 m³,比年初增加0.337亿 m³。

淮河流域大中型水库年末蓄水总量35.76亿 m³,比年初增加5.00亿 m³;黄河流域12.95亿 m³,比年初增加2.46亿 m³;长江流域8.37亿 m³,比年初增加1.21亿 m³;海河流域3.32亿 m³,比年初减少0.65亿 m³。

全省大型水库2017年年初、年末蓄水情况详见表7-3。

二、浅层地下水动态

与上年同期相比,2017年末全省平原区浅层地下水位平均上升0.24 m,地下水储存量增加5.16亿 m³。其中,海河流域水位平均下降1.20 m,储存量减少4.36亿 m³;黄河流域水位平均下降0.54 m,储存量减少2.81亿 m³;淮河流域水位平均上升0.44 m,储存量增加9.27亿 m³;长江流域水位平均上升1.36 m,储存量增加3.06亿 m³。1980年以来浅层地下水储存量累计减少97.17亿 m³,其中海河流域减少36.99亿 m³,黄河流域减少28.07亿 m³,淮河流域减少25.60亿 m³,长江流域减少6.52亿 m³。2005年以来河南省辖流域平原区浅层地下水储存量变化情况见图7-4。

表7-3　全省各大型水库2017年年初、年末蓄水量表　　　　单位:亿 m³

水库名称	蓄水量		年蓄水变量	水库名称	蓄水量		年蓄水变量
	年初	年末			年初	年末	
小南海	0.382	0.041	-0.342	薄山	2.093	2.284	0.191
盘石头	1.129	1.592	0.463	石漫滩	0.134	0.388	0.254
窄口	0.785	0.792	0.008	昭平台	1.984	2.973	0.989
陆浑	4.056	5.895	1.840	白龟山	1.449	2.980	1.531
故县	4.700	5.250	0.550	孤石滩	0.378	0.609	0.231
南湾	6.594	6.904	0.310	燕山	1.704	2.045	0.340
石山口	1.182	1.467	0.285	白沙	0.176	0.182	0.005
泼河	1.243	1.126	-0.117	宋家场	0.689	0.759	0.070
五岳	0.869	0.879	0.011	鸭河口	3.855	3.958	0.103
鲇鱼山	4.883	4.921	0.039	赵湾	0.169	0.409	0.240

续表7-3

水库名称	蓄水量		年蓄水变量	水库名称	蓄水量		年蓄水变量
	年初	年末			年初	年末	
宿鸭湖	2.518	2.364	-0.154	全省合计	42.528	50.201	7.673
板桥	1.558	2.384	0.826				

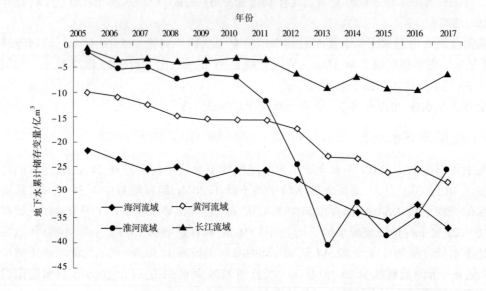

图7-4　2005年以来河南省辖流域平原区浅层地下水储存量累计变化图

全省平原区浅层地下水漏斗区年末总面积达 8 760 km²，占平原区总面积的 10.4%，比上年同期增加 300 km²。其中，安阳-鹤壁-濮阳漏斗区面积为 7 400 km²，漏斗中心水位埋深 48.80 m；武陟-温县-孟州漏斗区面积为 1 280 km²，漏斗中心水位埋深 40.90 m；新乡凤泉-小冀漏斗区面积为 80 km²，漏斗中心水位埋深 17.80 m。

第三节　供用水量

一、供水量

2017 年全省总供水量 233.8 亿 m³，其中地表水源供水量 113.1 亿 m³，占总供水量的 48.4%；地下水源供水量 115.5 亿 m³，占总供水量的 49.4%；集雨及其他非常规水源供水量 5.1 亿 m³，占总供水量的 2.2%。在地表水开发利用中，跨水资源一级区调水和引用入过境水量约 61.4 亿 m³，其中南水北调中线工程调水量 18.6 亿 m³(其中引丹灌区 4.6 亿 m³，黄河以南区域 10.7 亿 m³，黄河以北区域 3.3 亿 m³)，引黄河干流水量 34.4 亿 m³。全省跨水资源一级区调水 28.6 亿 m³(其中南水北调中线工程调入淮河流域、黄河流域、海河流域 10.5 亿 m³)。在地下水源利用中，开采浅层地下水 111.1 亿 m³，中深层地下水

4.4亿 m³。

2017年省辖海河流域供水量41.1亿 m³,占全省总供水量的17.6%;黄河流域供水量53.0亿 m³,占全省总供水量的22.7%;淮河流域供水量116.4亿 m³,占全省总供水量的49.8%;长江流域供水量23.2亿 m³,占全省总供水量的9.9%。

安阳、鹤壁、焦作、开封、许昌、漯河、商丘、周口、驻马店、南阳等市以地下水源供水为主,地下水源占其总供水量的50%以上,周口市最高达83%,其他市则以地表水源供水为主,地表水源占其总供水量50%以上,信阳市最高达93%。2017年各省辖市、省辖流域供用耗水量详见表7-4。全省各省辖市供水量及水源结构见图7-5。

表7-4 2017年河南省各省辖市、省辖流域供用耗水量表　　单位:亿 m³

省辖市及流域名称		供水量				用水量				耗水量
		地表水	地下水	其他	合计	农业	工业	城乡生活、环境	合计	
郑州	全市	10.708	7.459	2.003	20.169	4.898	5.440	9.831	20.169	9.003
	其中巩义	0.559	0.801	0.155	1.515	0.394	0.512	0.609	1.515	0.745
开封	全市	6.353	9.519	0.035	15.908	9.121	2.207	4.580	15.908	9.240
	其中兰考	1.200	1.031		2.231	1.260	0.350	0.622	2.231	1.237
洛阳		7.936	6.330	0.482	14.747	4.914	5.389	4.444	14.747	7.154
平顶山	全市	6.743	3.537	0.355	10.635	3.076	6.014	1.546	10.635	3.835
	其中汝州	0.546	1.425	0.015	1.985	1.226	0.498	0.261	1.985	1.124
安阳	全市	7.386	8.344	0.021	15.751	8.786	1.766	5.199	15.751	10.091
	其中滑县	1.660	1.796	0.021	3.477	2.278	0.137	1.062	3.477	2.443
鹤壁		1.776	2.669	0.070	4.515	2.809	0.688	1.018	4.515	3.079
新乡	全市	12.477	8.329		20.806	14.524	2.695	3.586	20.806	13.624
	其中长垣	1.446	0.652		2.098	1.405	0.288	0.405	2.098	1.292
焦作		5.981	7.230	0.522	13.733	8.589	3.329	1.814	13.733	8.183
濮阳		9.170	5.630		14.800	9.840	2.900	2.060	14.800	8.156
许昌		2.940	5.576	0.479	8.995	3.564	2.674	2.757	8.995	5.221
漯河		1.352	3.187	0.037	4.575	1.488	1.469	1.619	4.575	2.489
三门峡		2.459	1.504	0.123	4.086	1.444	1.092	1.550	4.086	2.121
南阳	全市	10.004	13.375	0.350	23.729	13.154	5.624	4.952	23.729	12.816
	其中邓州	2.602	1.250		3.852	2.334	0.322	1.197	3.852	2.209

续表 7-4

省辖市及流域名称		供水量				用水量				耗水量
		地表水	地下水	其他	合计	农业	工业	城乡生活、环境	合计	
商丘	全市	3.927	10.281	0.407	14.615	9.164	2.439	3.011	14.615	9.660
	其中永城	0.779	2.184	0.223	3.185	1.698	0.899	0.588	3.185	1.942
信阳	全市	16.600	1.185		17.785	10.048	2.445	5.292	17.785	7.847
	其中固始	3.590	0.217		3.808	2.786	0.256	0.766	3.808	1.731
周口	全市	2.935	14.630	0.045	17.609	11.342	2.765	3.502	17.609	11.092
	其中鹿邑	0.196	1.263	0.045	1.503	0.877	0.325	0.301	1.503	0.919
驻马店	全市	2.910	5.761	0.147	8.819	4.594	1.340	2.525	8.819	5.808
	其中新蔡	0.049	0.416		0.465	0.193	0.006	0.266	0.465	0.356
济源		1.419	0.998	0.073	2.490	1.127	0.691	0.672	2.490	1.516
全省		113.076	115.543	5.148	233.766	122.844	50.965	59.957	233.766	130.936
海河		19.782	20.874	0.471	41.127	23.265	7.762	10.100	41.127	24.853
黄河		30.350	21.713	0.975	53.037	29.902	11.847	11.288	53.037	30.464
淮河		52.949	60.079	3.352	116.381	57.340	25.664	33.377	116.381	63.094
长江		9.994	12.877	0.350	23.221	12.336	5.693	5.192	23.221	12.524

注:牲畜用水统计到农业用水项,不再统计到农村生活中。

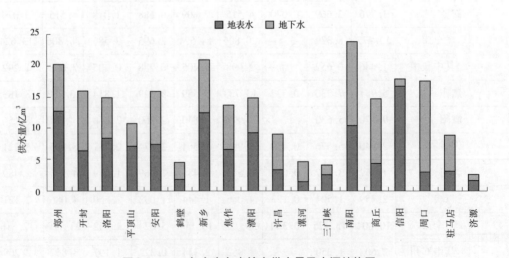

图 7-5　2017 年全省各省辖市供水量及水源结构图

二、用水量

2017 年全省总用水量 233.8 亿 m³,其中农业用水 122.8 亿 m³(农田灌溉 108.5 亿 m³),占总用水量的 52.5%;工业用水 51.0 亿 m³,占总用水量的 21.8%;城乡生活、环境综合用水 60.0 亿 m³(城市生活、环境用水 35.6 亿 m³),占总用水量的 25.7%。2017 年全省省辖流域用水结构详见图 7-6。

2017 年省辖海河流域用水量 41.1 亿 m³,占全省总用水量的 17.6%;黄河流域 53.0 亿 m³,占全省总用水量的 22.7%;淮河流域 116.4 亿 m³,占全省总用水量的 49.8%;长江流域用水量 23.2 亿 m³,占全省总用水量的 9.9%。

由于水源条件、产业结构、生活水平和经济发展状况的差异,各省辖市用水量及其结构有所不同。郑州、洛阳、平顶山、许昌、漯河、三门峡、济源等市工业用水相对较大,占其用水总量的比例超过 25%;鹤壁、新乡、焦作、濮阳、商丘、周口等市农业用水占比相对较大,均在 60% 以上。2017 年全省各省辖市用水及其结构详见图 7-7。

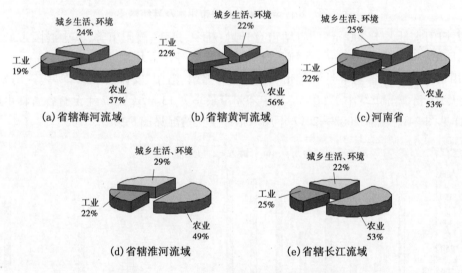

图 7-6　2017 年全省及省辖流域用水结构图

三、用水消耗量

2017 年全省用水消耗总量 130.9 亿 m³,占总用水量的 56.0%。其中,农业用水消耗量占全省用水消耗总量的 67.5%,工业用水消耗量占 9.1%,城乡生活、环境用水消耗量占 23.4%。

四、用水指标

2017 年全省人均用水量为 245 m³;万元 GDP(当年价)用水量为 40 m³;农田灌溉亩均用水量 159 m³;万元工业增加值(当年价)用水量为 26 m³(含火电);人均生活用水量,城镇人均为 189 L/d(含城市环境,不含河湖补水),农村居民生活人均为 73 L/d。

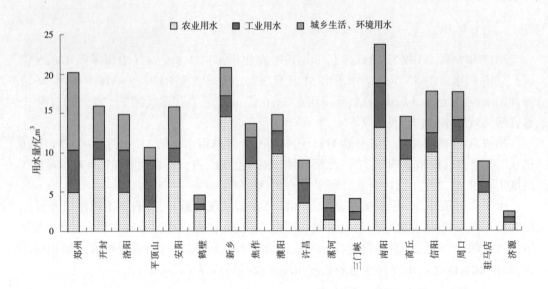

图 7-7　2017 年全省各省辖市用水及其结构图

　　人均用水量大于 300 m³ 的省辖市有开封、新乡、焦作、濮阳市等,其中濮阳市最大为 407 m³,其次焦作市为 386 m³;漯河、三门峡、驻马店等市人均用水量小于 200 m³。万元 GDP 用水量最大的省辖市是濮阳市,为 81 m³,郑州、洛阳、安阳、鹤壁、许昌、三门峡、漯河、驻马店、济源等市均小于 50 m³,其中郑州市最小为 13 m³。2017 年全省各省辖市用水指标详见图 7-8。全省 2003—2017 年用水指标变化情况见图 7-9。

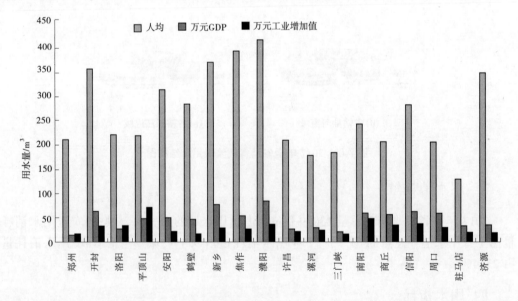

图 7-8　2017 年全省各省辖市用水指标图

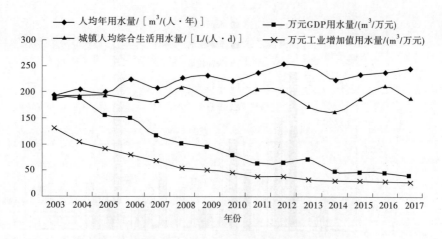

图 7-9　河南省 2003—2017 年用水指标变化趋势图

第四节　水体水质

全省 2017 年共检测水功能区 239 个,监测断面 251 个,监测河长 6 326.4 km。

一、河流水质类别评价

全省河流水质类别按全年期评价,类别达到和优于Ⅲ类标准的河长 3 633.1 km,占总河长的 57.5%;水质为Ⅳ类的河长 837.2 km,占总河长的 13.2%;水质为Ⅴ类的河长 623.0 km,占总河长的 9.8%;水质为劣Ⅴ类的河长 1 039.1 km,占总河长的 16.4%;断流河长 194 km,占总河长的 3.1%。水质评价结果见表 7-5 及图 7-10。

表 7-5　2017 年河南省辖四流域河流水质评价成果表

水期	分区名称	项目	Ⅰ类	Ⅱ类	Ⅲ类	Ⅳ类	Ⅴ类	劣Ⅴ类	断流	合计
全年期	海河流域	河长/km	0	0	0	27.0	128.4	304.7		460.1
		占比/%	0	0	0	5.9	27.9	66.2	0	100.0
	黄河流域	河长/km	0	970.6	373.2	126.8	33.0	174.9	15.5	1 694.0
		占比/%	0	57.3	22.0	7.5	1.9	10.3	0.9	100.0
	淮河流域	河长/km	0	517.3	1 177.1	675.4	457.0	470.8	178.5	3 476.1
		占比/%	0	14.9	33.9	19.4	13.1	13.5	5.1	100.0
	长江流域	河长/km	80.0	287.3	227.6	8.0	4.6	88.7		696.2
		占比/%	11.5	41.3	32.7	1.1	0.7	12.7	0	100.0
	全省	河长/km	80.0	1 775.2	1 777.9	837.2	623.0	1 039.1	194	6 326.4
		占比/%	1.4	28.9	29.0	13.2	9.8	16.4	3.1	100.0

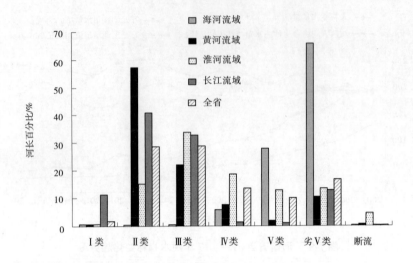

图7-10　2017年河南省辖四流域河流水质类别图(全年期,占评价河长%)

(一)海河流域

对其19个河流型水质站进行监测,总河长460.1 km,监测河段水体污染严重。按全年期评价,其中只有南乐断面水质为Ⅳ类;其余河段水质均为Ⅴ类和劣Ⅴ类,占其流域评价总河长的94.1%。主要污染项目为氨氮、化学需氧量、总磷。

(二)黄河流域

对其61个河流型水质站进行监测,总河长1 694.0 km。按全年期评价,水质为Ⅰ~Ⅲ类的河长为1 343.8 km,占其流域评价总河长的79.4%;水质为Ⅳ类的河长126.8 km,占其流域评价总河长的7.5%;水质为Ⅴ类的河长33.0 km,占其流域评价总河长的1.9%;水质为劣Ⅴ类的河长174.9 km,占其流域评价总河长的10.3%;断流河长15.5 km,占其流域评价总河长的0.9%。

(三)淮河流域

对其143个河流型水质站进行监测,总河长3 476.1 km,其中6个水质站全年断流。按全年期评价:水质达到和优于Ⅲ类标准的河长为1 694.4 km,占其流域评价总河长的48.8%;水质为Ⅳ类的河长675.4 km,占其流域评价总河长的19.4%;水质为Ⅴ类的河长457.0 km,占其流域评价总河长的13.1%;水质为劣Ⅴ类的河长470.8 km,占其流域评价总河长的13.6%;断流河长178.5 km,占其流域评价总河长的5.1%。

(四)长江流域

对其28个河流型水质站进行监测,总评价河长696.2 km。按全年期评价,水质为Ⅰ~Ⅲ类的河长为594.9 km,占其流域评价总河长的85.5%;水质为Ⅳ类的河长8.0 km,占其流域评价总河长的1.1%;水质为Ⅴ类的河长4.6 km,占其流域评价总河长的0.7%;水质为劣Ⅴ类的河长88.7 km,占其流域评价总河长的12.7%。

二、水功能区达标评价

2017 年,河南省共有 179 个水功能区列入"全国重要江河湖泊水功能区'十三五'达标评价名录",采用限制纳污红线主要控制项目氨氮和高锰酸盐指数(或 COD)进行水质评价分析。

评价结果表明:在上述 179 个水功能区中,6 个水功能区(5 个农业用水区和 1 个景观娱乐用水区)连续断流 6 个月及以上,不参与达标评价统计,3 个排污控制区没有水质目标,不参与达标评价统计,其余 170 个水功能区中,有 119 个水功能区达标,达标率为 70.0%。具体达标情况如下:

评价保护区 16 个,达标率为 100%;评价保留区 8 个,达标率为 87.5%;评价省界缓冲区 23 个,达标率为 39.1%;评价饮用水源区 23 个,达标率为 100%;评价工业用水区 4 个,达标率为 50.0%;评价农业用水区 50 个,达标率为 55.3%;评价渔业用水区 6 个,达标率为 83.3%;评价景观娱乐用水区 16 个,达标率为 56.3%;评价过渡区 24 个,达标率为 75.0%。2017 年全省各类水功能区达标情况见图 7-11。

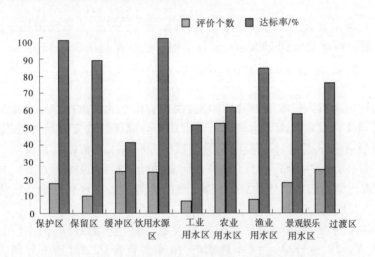

图 7-11　2017 年河南省各类水功能区达标率统计图

三、水库水质

2017 年对全省 11 座大中型水库水质进行监测,其中黄河流域 2 座,淮河流域 8 座,长江流域 1 座。依据《地表水环境质量标准》(GB 3838—2002)进行评价。

无水库水质达到Ⅰ类标准;水质达到Ⅱ类标准的水库 2 个,占评价总数的 18.2%;水质达到Ⅲ类标准的水库 6 个,占评价总数的 54.5%;水质为Ⅳ类的水库 2 个,占评价总数的 18.2%;水质为劣Ⅴ类的水库 1 个,占评价总数的 9.1%。2017 年河南省水库水质类别比例见图 7-12。

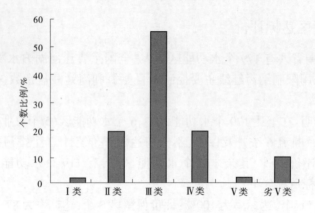

图 7-12　2017 年河南省水库水质类别比例图

第五节　水资源管理

1 月 9 日,河南省人民政府办公厅印发《河南省"十三五"水资源消耗总量和强度双控工作实施方案》,明确提出到 2020 年,全省年用水总量控制在 282.15 亿 m^3 以内,万元国内生产总值用水量、万元工业增加值用水量比 2015 年降低 25%,农田灌溉水有效利用系数提高到 0.61 以上。

1 月 9 日,河南省人民政府办公厅印发《河南省南水北调取用水结余指标处置管理办法(试行)》,该文件规定河南省水利厅可采取统一收储转让的方式统筹处置省辖市、省直管县(市)结余指标,原则上不调整原行政区域已分配的水量指标所有权。

1 月 25 日,河南省水利厅印发《打赢水污染防治攻坚战的实施方案》,根据省政府关于打赢全省水污染防治攻坚战的总体部署,细化落实河南省水利厅牵头负责和参与配合的具体事项以及职责分工。

2 月 13—28 日,河南省水利厅会同省发改委、工信委、财政厅、国土厅、环保厅、住房城乡建设厅、农业厅、统计局对 18 个省辖市、10 个省直管县(市)2016 年落实最严格水资源管理制度进行现场检查。

2 月 16 日,河南省发改委、水利厅、住房城乡建设厅联合印发《河南省节水型社会建设"十三五"规划》。

2 月 17 日,水利部淮河水利委员会肖幼主任、顾洪副主任等一行 7 人到河南省水利厅走访座谈,双方同意按照水利部的统一部署,由河南省水利厅配合淮河水利委员会在沙颍河流域组织开展生态水量调度试点。

3 月 31 日,为改善主要河流水生态环境,根据水污染防治攻坚战的有关安排,河南省水利厅印发《河南省生态水量闸坝联合调度实施意见》,组织各有关市县开展生态水量调度工作。在河南省水利厅的统一部署下,各地利用黄河干流、南水北调中线工程和区域内主要河流、水库水资源,合理安排闸坝下泄水量和泄流时间,累计调度生态水量 18.9 亿 m^3。在全省范围多河流统一实施生态水量调度,在河南水利史上尚属首次。

4 月 7 日,河南省人民政府办公厅印发《关于公布 2016 年度实行最严格水资源管理制度考核结果的通知》,18个省辖市、10个省直管县(市)水资源考核结果均为合格以上,其中,许昌、安阳、南阳、信阳、焦作、济源、洛阳、周口、平顶山、开封、郑州等11个市得分90分以上,为优秀等级;驻马店、新乡、漯河、商丘、三门峡、鹤壁、濮阳等7个市得分80分以上,为良好等级;10个省直管县(市)中,永城、长垣、汝州、巩义等4个县(市)得分90分以上,为优秀等级;固始、兰考、滑县、新蔡、邓州、鹿邑等6个县(市)得分80分以上,为良好等级。

4月18日,河南省水权收储转让中心有限公司揭牌仪式在河南省水利厅举行。该中心是全国第二个省级水权交易平台,由河南水利投资集团有限公司筹资1亿元注册成立,主要任务是根据河南省水权试点工作需要,在河南省水利厅监管下承担南水北调水权收储转让及其他区域、用水户水权交易业务。揭牌仪式上,开封市政府与省水权收储转让中心代表签订了该中心首宗水权转让意向协议。

4月23日,水利部会同河南省人民政府在许昌市召开会议,顺利通过对许昌市国家水生态文明城市建设试点工作验收。验收委员会认为,许昌市按照"三年任务、两年完成"的既定目标,完成了中心城区水系连通、水资源配置与优化管理、50万亩高效节水灌溉等9大类56项示范工程建设任务,完成投资81亿元。通过试点,许昌市构建了"五湖四海畔三川、两环一水润莲城"的水系格局,建立了水资源统一管理的体制机制,厚植了生态环境新优势,顺应了人民群众新期待,为北方缺水城市探索水生态文明建设树立了典范。许昌市是河南省第一个通过验收的国家级水生态文明试点城市,也是继山东省济南市之后全国第二个获得验收的试点城市。

5月10—11日,水利部水资源司副司长郭孟卓带领国家第七考核组一行8人,对河南省2016年度实行最严格水资源管理制度情况进行现场检查考核。

11月13—14日,水利部会同河南省人民政府在郑州市召开会议,顺利通过对郑州市水生态文明城市建设试点工作验收。经过3年多的不懈努力,郑州市共完成投资385亿元,25项任务、10个示范项目全面完成,高标准完成了试点工作任务,初步实现了"水源优、河湖通、清水流、沿岸美"的目标。

11月24日,财政部、税务总局、水利部联合印发《扩大水资源税改革试点实施办法》,确定河南省为全国第二批9个水资源税改革试点省份之一。12月27日,河南省人民政府印发《河南省水资源税改革试点实施办法》。

12月20日,水利部会同河南省人民政府在郑州市召开河南省水权试点验收会,顺利通过对河南省水权试点工作的验收。水权试点主要任务是探索发挥市场机制对于水资源配置的重要作用,是对建国以来水资源无偿配置的传统方式的重大改革。河南省是2014年水利部确定的全国七个国家级水权试点省份之一,主要任务是实现区域间交易水量3亿~5亿 m³,初步构建省级水权交易平台,建立健全水权交易信息系统、交易规则和风险防控机制。根据水利部和河南省人民政府批复的《河南省水权试点方案》,2014年7月至2017年6月,河南省水利厅牵头负责,在南水北调中线工程受水区组织开展了跨流域水量交易试点,并诞生了全国首例跨流域水量交易,成立了全国第二家省级水权收储转让中心,圆满完成了各项试点任务。验收委员会认为,河南省水权试点工作回答了如何培育水市场、如何搭建平台、如何实施交易的问题,探索出了一套切合实际、行之有效、可复制可推广的经验和做法,可为全国水权改革工作提供重要经验借鉴。

第八章　2018 年河南省水资源公报

2018 年全省年降水量 755.0 mm，折合降水总量 1 249.8 亿 m³，较 2017 年减少 8.8%，较多年均值偏少 2.1%，属平水稍偏枯年份。全省汛期 6—9 月降水量 416.3 mm，占全年降水量的 55.1%，较多年均值偏少 13.9%。

2018 年全省水资源总量为 339.8 亿 m³，其中地表水资源量 241.7 亿 m³，地下水资源量 188.0 亿 m³，重复计算量 89.8 亿 m³。全省水资源总量比多年均值偏少 16.7%，比 2017 年减少 19.7%。产水模数为 20.5 万 m³/km²，产水系数为 0.28。

2018 年全省大中型水库（不包括小浪底、西霞院、三门峡水库）年末蓄水总量 48.0 亿 m³，比年初减少 16.2 亿 m³。其中，大型水库 38.5 亿 m³，中型水库 9.5 亿 m³。

2018 年末全省平原区浅层地下水位与 2017 年同期相比，平均下降 0.21 m，地下水储存量减少 6.50 亿 m³。全省平原区浅层地下水漏斗区年末总面积达 9 756 km²，比 2017 年同期增加 996 km²。

2018 年全省总供水量 234.6 亿 m³，其中地表水源供水量 112.4 亿 m³，地下水源供水量 116.0 亿 m³，集雨及其他非常规水源供水量 6.2 亿 m³。

2018 年全省总用水量 234.6 亿 m³，其中农业用水 119.9 亿 m³（含农田灌溉水量 105.7 亿 m³），工业用水 50.4 亿 m³，城乡生活、环境综合用水 64.3 亿 m³。

2018 年全省人均用水量为 244 m³；万元 GDP（当年价）用水量为 36.7 m³；农田灌溉亩均用水量 155 m³；万元工业增加值（当年价）用水量为 25.9 m³（含火电）；城镇综合生活人均用水 156 L/d，农村居民生活人均用水 73 L/d。

全省列入《全国重要江河湖泊水功能区划（2011—2030）》中地表水功能区共有 249 个。2018 年对纳入河南省考核的 239 个功能区进行了监测，对应水质监测断面 251 个，监测河长 6 326.4 km，评价结果为：全年期水质达到和优于Ⅲ类标准的河长 3 846.7 km，占总河长的 60.8%；水质为Ⅳ类的河长 1 058.4 km，占总河长的 16.7%；水质为Ⅴ类的河长 820.2 km，占总河长的 13.0%；水质为劣Ⅴ类的河长 548.1 km，占总河长的 8.7%；断流河长 53 km，占总河长的 0.8%。

全省共有 179 个水功能区列入"全国重要江河湖泊水功能区'十三五'名录"。按照《全国重要江河湖泊水功能区水质达标评价技术方案》要求，除去 3 个无水质目标和 4 个断流的功能区，参与评价的 172 个功能区中，125 个水功能区达标，达标率为 72.7%。

全省 28 座大中型水库水质监测结果：水库水质均未达到Ⅰ类标准；水质达到Ⅱ类标准的水库 10 个，占评价总数的 35.7%；水质达到Ⅲ类标准的水库 13 个，占评价总数的 46.4%；水质达到Ⅳ类标准的 3 个，占评价总数的 10.7%；水质达到Ⅴ类标准的 1 个，占评价总数的 3.6%；水质劣于Ⅴ类标准的 1 个，占评价总数的 3.6%。

第一节　水资源量

一、降水量

2018 年全省年降水量 755.0 mm,折合降水总量 1 249.8 亿 m³,较 2017 年减少 8.8%,较多年均值偏少 2.1%,属平水稍偏枯年份。

全省汛期 6—9 月降水量 416.3 mm,占全年降水量的 55.1%,较多年均值偏少 13.9%;非汛期降水量 338.7 mm,占全年降水量的 44.9%,比多年均值偏多 19.8%左右。

省辖海河流域年降水量 628.8 mm,比多年均值偏多 3.1%;黄河流域 659.1 mm,比多年均值偏多 4.1%;淮河流域 816.9 mm,比多年均值偏少 3.0%;长江流域 757.1 mm,比多年均值偏少 7.9%。

全省 18 个省辖市年降水量较多年均值偏多的有 8 个市,其中偏大最多的为安阳市,偏大 18.2%;其次为驻马店市,偏多 10.1%。降水量较多年均值偏少的有 10 个市,其中偏少最多为许昌市,偏少 26.4%;其次为平顶山市,偏少 14.6%;开封市偏少 13.0%。

2018 年河南省各省辖市、省辖流域年降水量与 2017 年、多年均值比较详见表 8-1 及图 8-1。

表 8-1　2018 年河南省各省辖市、省辖流域年降水量表

分区名称	年降水量/mm	与 2017 年比较/%	与多年均值比较/%
郑州市	565.9	4.6	-9.6
开封市	573.3	-3.0	-13.0
洛阳市	701.7	-2.1	4.0
平顶山市	699.0	-18.1	-14.6
安阳市	703.5	37.5	18.2
鹤壁市	594.0	9.2	-5.6
新乡市	617.7	38.1	1.0
焦作市	585.1	22.3	-0.6
濮阳市	611.1	22.4	8.8
许昌市	514.4	-30.7	-26.4
漯河市	711.3	-20.6	-7.9
三门峡市	638.6	-10.5	-5.5
南阳市	757.4	-19.2	-8.4
商丘市	777.8	6.6	7.5
信阳市	1 047.6	-21.1	-5.2
周口市	765.4	-12.5	1.7

续表 8-1

分区名称	年降水量/mm	与 2017 年比较/%	与多年均值比较/%
驻马店市	986.8	-8.6	10.1
济源市	734.6	9.8	9.9
全省	755.0	-8.8	-2.1
海河	628.8	24.9	3.1
黄河	659.1	7.8	4.1
淮河	816.9	-13.6	-3.0
长江	757.1	-18.0	7.9

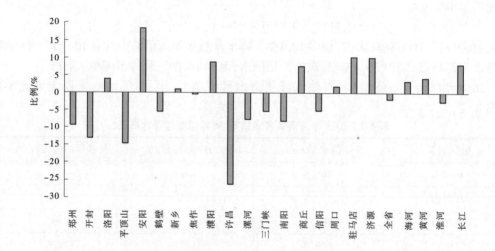

图 8-1　2018 年河南省辖市、四大流域降水量与多年均值比较图

二、地表水资源量

2018 年全省地表水资源量 241.7 亿 m³，折合径流深 146.0 mm，比多年均值 304.0 亿 m³ 偏少 20.5%，比 2017 年度偏少 22.4%。

省辖海河流域地表水资源量 10.22 亿 m³，比多年均值偏少 37.5%；黄河流域 30.50 亿 m³，比多年均值减少 32.2%；淮河流域 152.8 亿 m³，比多年均值减少 14.3%；长江流域 48.17 亿 m³，比多年均值减少 25.2%。

地域上，豫北海河流域卫河水系的新乡、安阳、鹤壁等市地表水资源量比多年均值偏少超过 40%；淮河流域沙颍河水系的郑州、平顶山、许昌市偏少超过 40%，长江流域汉江水系(丹江)的三门峡、洛阳市减少超过 50%，黄河流域三门峡至花园口区间偏少超过 30%；其他区域地表水资源量均有不同程度的减少。

全省 18 个省辖市地表水资源量与多年均值相比，除商丘市增加 17.1%、驻马店市增加 22.7%外，其他市均有不同程度的减少。郑州市减幅超过 50%，平顶山、鹤壁、新乡、许昌、漯河市减幅超过 40%，安阳、洛阳、三门峡市减幅超过 30%，焦作、南阳、济源市减幅超过20%,信阳、开封、周口市减幅超过10%,濮阳市减幅在10%以内。

2018年全省入境水量417.1亿m³。其中,黄河流域入境水量401.3亿m³(黄河干流三门峡以上入境水量384.9亿m³),淮河流域入境水量6.5亿m³,长江流域入境水量7.2亿m³,海河流域入境水量2.1亿m³。全省出境水量632.0亿m³。其中,黄河流域出境水量411.9亿m³,淮河流域出境水量154.2亿m³,长江流域出境水量57.2亿m³,海河流域出境水量8.7亿m³。全省全年出入境水量差214.9亿m³。

三、地下水资源量

2018年全省地下水资源量188.0亿m³,地下水资源模数平均为11.4万m³/km²。其中,山丘区76.9亿m³,平原区121.0亿m³,平原区与山丘区重复计算量9.9亿m³。全省地下水资源量比多年均值减少16.7%,比2017年减少9.0%;省辖海河、黄河、淮河、长江流域地下水资源量分别为19.2亿m³、34.9亿m³、106.7亿m³、27.1亿m³。

四、水资源总量

2018年全省水资源总量为339.8亿m³。其中,地表水资源量241.7亿m³,地下水资源量188.0亿m³,重复计算量89.8亿m³。水资源总量比多年均值偏少16.7%,比2017年减少19.7%。产水模数为20.5万m³/km²,产水系数为0.28。

省辖海河、黄河、淮河、长江流域水资源总量分别为23.1亿m³、45.4亿m³、211.9亿m³、59.4亿m³。与多年均值相比,海河流域减少16.2%,黄河流域减少22.5%,淮河流域减少13.9%,长江流域减少16.7%。

与多年均值比较,2018年大部分省辖市水资源总量减少,只有驻马店市有所增加。其中,郑州市减幅最大,达45.3%,许昌市减幅为35.7%,洛阳、平顶山、三门峡、鹤壁市减幅在30.4%~33.8%,新乡、漯河、信阳、开封、济源、南阳市减幅在14.5%~29.1%,其他市减幅在7.7%以下,驻马店市增幅为14.7%。

2018年各省辖市、省辖流域水资源量详见表8-2,水资源总量各流域占比见图8-2,各行政分区水资源总量与多年均值比较见图8-3。

表8-2 2018年河南省水资源量与多年均值比较

分区名称	降水量/亿m³	地表水资源量/亿m³	地下水资源量/亿m³	地表水与地下水资源量重复量/亿m³	水资源总量/亿m³	水资源总量与多年均值比较/%	产水系数
郑州市	42.63	3.57	5.45	1.82	7.21	-45.3	0.17
开封市	35.89	3.49	7.77	1.99	9.27	-19.2	0.26
洛阳市	106.86	15.83	13.55	10.55	18.83	-33.8	0.18
平顶山市	55.29	8.94	6.30	3.01	12.22	-33.4	0.22
安阳市	51.73	5.41	9.15	2.52	12.04	-7.7	0.23
鹤壁市	12.69	1.17	2.13	0.73	2.58	-30.4	0.20
新乡市	50.95	4.29	9.73	3.46	10.55	-29.1	0.21

续表 8-2

分区名称	降水量/亿 m^3	地表水资源量/亿 m^3	地下水资源量/亿 m^3	地表水与地下水资源重复量/亿 m^3	水资源总量/亿 m^3	水资源总量与多年均值比较/%	产水系数
焦作市	23.41	3.14	5.41	1.23	7.31	-3.3	0.31
濮阳市	25.59	1.78	5.99	2.09	5.69	0.2	0.22
许昌市	25.61	2.23	4.06	0.63	5.66	-35.7	0.22
漯河市	19.16	1.92	3.30	0.48	4.73	-26.1	0.25
三门峡市	63.46	10.39	6.95	6.26	11.08	-31.6	0.17
南阳市	200.77	47.23	24.93	13.64	58.52	-14.5	0.29
商丘市	83.23	9.02	10.66	0.52	19.17	-3.2	0.23
信阳市	198.09	65.97	27.66	23.68	69.94	-21.0	0.35
周口市	91.54	10.89	16.50	1.76	25.63	-3.1	0.28
驻马店市	148.96	44.53	26.33	14.09	56.77	14.7	0.38
济源市	13.91	1.89	2.10	1.34	2.64	-15.0	0.19
全省	1 249.78	241.67	187.97	89.81	339.83	-15.8	0.27
海河	96.43	10.22	19.21	6.29	23.15	-16.2	0.24
黄河	238.34	30.50	34.91	20.02	45.39	-22.5	0.19
淮河	705.99	152.77	106.71	47.60	211.88	-13.9	0.30
长江	209.02	48.17	27.14	15.90	59.41	-16.7	0.28

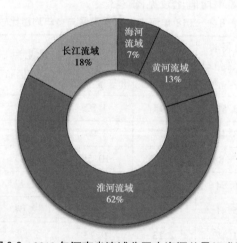

图 8-2　2018 年河南省流域分区水资源总量组成图

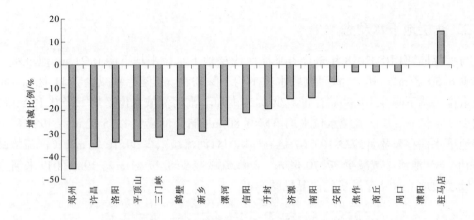

图 8-3　2018 年水资源总量与多年均值比较图

第二节　蓄水动态

一、大中型水库

2018 年全省 22 座大型水库(不包括小浪底水库、西霞院水库、三门峡水库)和 104 座中型水库年末蓄水总量 48.0 亿 m³,比年初减少 16.2 亿 m³。其中,大型水库 38.5 亿 m³,比年初减少 15.5 亿 m³;中型水库 9.5 亿 m³,比年初减少 0.68 亿 m³。

淮河流域大型水库年末蓄水总量 21.7 亿 m³,比年初减少 9.8 亿 m³;黄河流域 8.6 亿 m³,比年初减少 3.3 亿 m³;长江流域 6.3 亿 m³,比年初减少 2.6 亿 m³;海河流域 1.9 亿 m³,比年初减少 0.24 亿 m³。全省各大型水库 2018 年年初、年末蓄水情况详见表 8-3。

表 8-3　全省各大型水库 2018 年年初、年末蓄水量表　　　　单位:亿 m³

水库名称	蓄水量		年蓄水变量	水库名称	蓄水量		年蓄水变量
	年初	年末			年初	年末	
小南海	0.041	0.228	0.187	薄山	2.284	1.982	-0.302
盘石头	1.592	1.647	0.055	石漫滩	0.388	0.429	0.041
窄口	0.792	0.731	-0.061	昭平台	2.973	1.664	-1.310
陆浑	5.895	3.777	-2.118	白龟山	2.980	1.449	-1.531
故县	5.250	4.130	-1.120	孤石滩	0.609	0.428	-0.181
南湾	6.904	4.205	-2.699	燕山	2.045	1.688	-0.357
石山口	1.467	0.734	-0.733	白沙	0.182	0.145	-0.037
泼河	1.126	1.093	-0.033	宋家场	0.759	0.535	-0.224
五岳	0.879	0.746	-0.134	鸭河口	7.780	5.353	-2.427
鲇鱼山	4.921	3.963	-0.958	赵湾	0.409	0.461	0.052
宿鸭湖	2.364	1.367	-0.997	全省合计	54.023	38.540	-15.483
板桥	2.384	1.787	-0.597				

二、浅层地下水动态

与上年同期相比,2018 年末全省平原区浅层地下水位平均下降 0.21 m,地下水储存量减少 6.50 亿 m³。其中,海河流域水位平均下降 0.59 m,储存量减少 2.11 亿 m³;黄河流域水位平均下降 0.10 m,储存量减少 0.53 亿 m³;淮河流域水位平均下降 0.10 m,储存量减少 2.1 亿 m³;长江流域水位平均下降 0.80 m,储存量减少 1.75 亿 m³。1980 年以来浅层地下水储存量累计减少 103.67 亿 m³,其中海河流域减少 39.10 亿 m³,黄河流域减少 28.60 亿 m³,淮河流域减少 27.70 亿 m³,长江流域减少 8.27 亿 m³。1980 年以来河南省辖流域浅层地下水储存量变化情况见图 8-4。

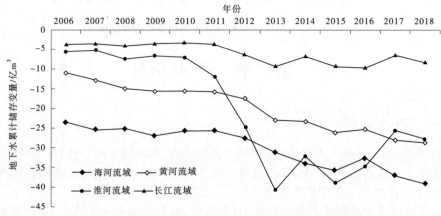

图 8-4　1980 年以来平原区浅层地下水储存量累计变化图

全省平原区浅层地下水漏斗区年末总面积达 9 756 km²,占平原区总面积的 11.5%,比上年同期增加 996 km²。其中,安阳-鹤壁-濮阳漏斗区面积为 7 990 km²,漏斗中心水位埋深 52.25 m;武陟-温县-孟州漏斗区面积为 1 600 km²,漏斗中心水位埋深 23.31 m;新乡凤泉-小冀漏斗区面积为 166 km²,漏斗中心水位埋深 18.10 m。

第三节　供用水量

一、供水量

2018 年全省总供水量 234.6 亿 m³,其中地表水源供水量 112.4 亿 m³,占总供水量的 47.9%;地下水源供水量 116.0 亿 m³,占总供水量的 49.5%;集雨及其他非常规水源供水量 6.2 亿 m³,占总供水量的 2.6%。在地表水开发利用中,全省引入过境水量约 53.5 亿 m³,其中南水北调中线工程引水量 16.1 亿 m³(含引丹灌区 2.3 亿 m³),引黄河干流水量 29.7 亿 m³,引沁丹河水量 2.8 亿 m³,引漳河水量 2.4 亿 m³,引史河水量 2.5 亿 m³。全省跨水资源一级区调水 31.1 亿 m³(其中南水北调中线工程调入淮河、黄河、海河流域 12.4 亿 m³)。在地下水源利用中,开采浅层地下水 109.5 亿 m³,深层地下水 6.6 亿 m³。

2018 年省辖海河流域供水量 39.0 亿 m³,占全省总供水量的 16.6%;黄河流域供水量

50.4 亿 m³,占全省总供水量的 21.5%;淮河流域供水量 121.1 亿 m³,占全省总供水量的 51.6%;长江流域供水量 24.2 亿 m³,占全省总供水量的 10.3%。

以地下水源供水为主的行政区有安阳、鹤壁、焦作、开封、许昌、漯河、商丘、周口、驻马店、南阳等 10 个市,地下水源供水量占其总供水量的 50%以上,周口市占比最高,达 81.1%。以地表水源供水为主的行政区有信阳、平顶山、三门峡、郑州、洛阳、濮阳、新乡、济源等 8 个市,地表水源供水量占其总供水量的 50%以上,信阳市占比最高,达 93%。 2018 年各省辖市、省辖流域供用耗水量详见表 8-4。2018 年全省各省辖市供水量及水源结构见图 8-5。

表 8-4　2018 年各省辖市、省辖流域供用耗水量表　　　　单位:亿 m³

分区及流域名称		供水量				用水量				耗水量
		地表水	地下水	其他	合计	农业	工业	城乡生活、环境	合计	
郑州	全市	11.050	7.011	2.645	20.706	4.232	5.267	11.208	20.706	9.230
	其中巩义	0.381	0.972	0.193	1.547	0.475	0.566	0.505	1.547	0.818
开封	全市	6.691	10.338		17.029	9.908	2.255	4.865	17.029	10.183
	其中兰考	1.045	1.164		2.209	1.429	0.319	0.462	2.209	1.367
洛阳市		8.292	6.162	0.487	14.941	4.890	5.373	4.678	14.941	7.232
平顶山	全市	7.018	2.767	0.406	10.191	2.794	5.722	1.675	10.191	3.524
	其中汝州	0.280	1.264	0.043	1.586	0.805	0.506	0.275	1.586	0.777
安阳	全市	4.769	9.994	0.033	14.796	9.495	1.844	3.457	14.796	10.243
	其中滑县	0.806	2.464	0.033	3.302	2.276	0.142	0.884	3.302	2.530
鹤壁		1.874	2.604	0.098	4.575	2.685	0.633	1.257	4.575	3.062
新乡	全市	10.001	9.132		19.133	12.760	2.503	3.870	19.133	12.373
	其中长垣	1.006	0.880		1.886	1.143	0.247	0.496	1.886	1.140
焦作		6.029	6.696	0.594	13.320	8.106	3.332	1.882	13.320	8.015
濮阳		7.438	5.882		13.320	8.164	2.820	2.336	13.320	7.188
许昌		3.593	4.867	0.620	9.080	3.120	2.692	3.268	9.080	4.668
漯河		1.097	3.590	0.090	4.778	2.050	1.495	1.232	4.778	2.816
三门峡		2.806	1.238	0.182	4.226	1.362	1.376	1.489	4.226	2.163
南阳	全市	11.731	12.839	0.058	24.628	13.355	5.707	5.566	24.628	13.364
	其中邓州	3.291	0.864	0.013	4.168	2.282	0.391	1.494	4.168	2.242
商丘	全市	4.097	9.872	0.516	14.485	8.865	2.225	3.394	14.485	9.517
	其中永城	0.522	2.211	0.283	3.017	1.442	0.738	0.838	3.017	1.660

续表 8-4

分区及流域名称		供水量				用水量				耗水量
		地表水	地下水	其他	合计	农业	工业	城乡生活、环境	合计	
信阳	全市	17.940	1.213	0.136	19.289	10.188	2.441	6.660	19.289	8.360
	其中固始	3.954	0.202		4.155	2.882	0.252	1.082	4.155	1.829
周口	全市	3.403	14.785	0.053	18.241	11.534	2.823	3.883	18.241	11.903
	其中鹿邑	0.092	1.239	0.042	1.373	0.785	0.295	0.293	1.373	0.878
驻马店	全市	2.966	6.019	0.310	9.216	5.277	1.173	2.766	9.216	6.089
	其中新蔡	0.101	0.765		0.866	0.538	0.054	0.274	0.866	0.627
济源		1.570	1.029	0.076	2.674	1.139	0.698	0.838	2.674	1.492
全省		112.365	116.039	6.225	234.628	119.924	50.378	64.326	234.629	131.423
海河		16.462	21.916	0.571	38.950	22.616	7.431	8.903	38.950	23.565
黄河		26.911	22.389	1.145	50.445	27.060	11.612	11.773	50.445	29.625
淮河		57.359	59.244	4.451	121.054	57.546	25.627	37.881	121.054	65.129
长江		11.632	12.490	0.058	24.180	12.702	5.708	5.769	24.180	13.105

注:牲畜用水计入农业用水中。

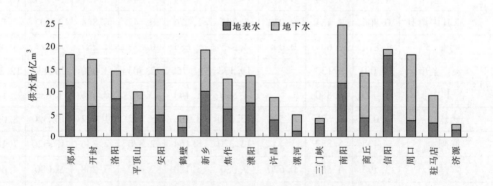

图 8-5　2018 年全省各省辖市供水量及水源结构图

二、用水量

· 2018 年全省总用水量 234.6 亿 m³,其中农业用水 119.9 亿 m³(含农田灌溉水量 105.7 亿 m³),占总用水量的 51.1%;工业用水 50.4 亿 m³,占总用水量的 21.5%;城乡生活、环境综合用水 64.3 亿 m³,占总用水量的 27.4%。2018 年全省、省辖流域用水结构详见图 8-6。

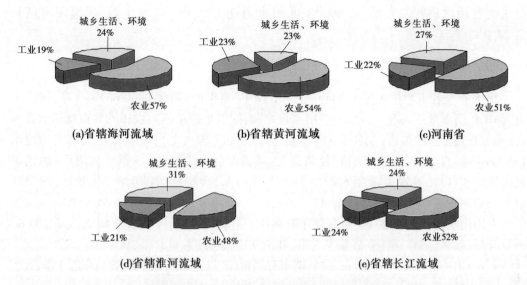

图 8-6 2018 年全省及省辖流域用水结构图

2018 年省辖海河流域用水量 39.0 亿 m³,占全省总用水量的 16.6%;黄河流域 50.4 亿 m³,占全省总用水量的 21.5%;淮河流域 121.1 亿 m³,占全省总用水量的 51.6%;长江流域用水量 24.2 亿 m³,占全省总用水量的 10.3%。

由于水源条件、产业结构、生活水平和经济发展状况的差异,各省辖市用水量及其结构有所不同。郑州、洛阳、平顶山、许昌、漯河、三门峡、济源等市工业用水量相对较大,占其用水总量的比例超过 25%;安阳、新乡、焦作、濮阳、商丘、周口等市农业用水量占比例相对较大,均在 60% 以上。2018 年全省各省辖市用水及其结构详见图 8-7。

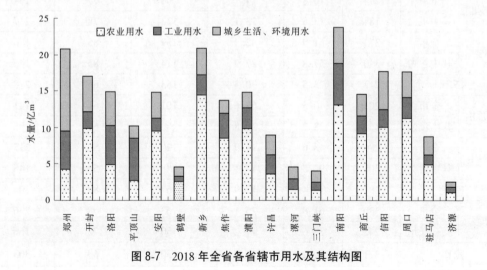

图 8-7 2018 年全省各省辖市用水及其结构图

三、用水消耗量

2018 年全省用水消耗总量 131.4 亿 m³,占总用水量的 56.0%。其中,农业用水消耗量占全省用水消耗总量的 66.9%；工业用水消耗占 9.1%，城乡生活、环境用水消耗占 24.0%。

四、用水指标

2018 年全省人均用水量为 244 m³；万元 GDP(当年价)用水量为 36.7 m³(注：河南省万元 GDP 用水量指一产、二产、三产用水量之和，除以生产总值)；农田灌溉亩均用水量为 155 m³；万元工业增加值(当年价)用水量为 25.9 m³(含火电)；城镇综合生活人均用水 156 L/d(注：自 2018 年起，统计口径调整为：城镇综合生活用水＝城镇公共用水＋城镇居民生活用水；以往城镇生活用水指标为大生活用水，含城镇居民生活、服务业、城镇环境)，农村居民生活人均用水 73 L/d。

人均用水量：小于 200 m³ 的省辖市有漯河、三门峡、商丘、驻马店等 4 市，大于 300 m³ 的有开封、新乡、焦作、濮阳、济源等 5 市，其余 9 市人均用水量介于 200~300 m³。

万元 GDP 用水量：小于 30 m³ 的省辖市有郑州、洛阳、许昌、三门峡、驻马店等 5 市，大于 60 m³ 的省辖市有濮阳、新乡、开封等 3 市，其余 10 市万元 GDP 用水量介于 30~60 m³。

2018 年各省辖市用水指标见表 8-5，全省 2010—2018 年各项用水指标变化情况见图 8-8。

表 8-5　2018 年各省辖市用水指标

行政区		人均综合用水量/m³	万元 GDP 用水量/m³	万元工业增加值用水量/m³	城镇综合生活人均用水量/(L/d)	农村居民生活人均用水/(L/d)	农田灌溉亩均用水量/m³
全省		244	36.7	25.9	156	73	155
郑州	全市	204	10.8	14.1	208	97	144
	其中巩义	184	13.5	13.1	133	78	217
开封	全市	373	61.9	32.4	139	85	176
	其中兰考	340	57.8	27.9	114	85	146
洛阳		217	23.5	30.3	163	66	218
平顶山	全市	203	40.3	63.6	101	61	141
	其中汝州	164	28.2	30.8	84	60	136
安阳	全市	286	48.6	19.9	120	50	217
	其中滑县	308	92.5	17.1	70	52	145
鹤壁		281	39.4	12.9	167	89	204
新乡	全市	330	61.8	25.1	163	68	236
	其中长垣	242	38.6	17.2	150	72	166
焦作		371	49.2	26.3	130	60	303
濮阳		369	68.4	35.8	173	66	223
许昌		205	21.5	18.0	145	73	92
漯河		179	30.2	21.8	121	51	87

续表 8-5

行政区		人均综合用水量/m³	万元 GDP用水量/m³	万元工业增加值用水量/m³	城镇综合生活人均用水量/(L/d)	农村居民生活人均用水量/(L/d)	农田灌溉亩均用水量/m³
三门峡		186	20.2	18.8	179	86	145
南阳	全市	246	55.2	46.5	140	71	173
	其中邓州	309	66.8	30.4	234	123	91
商丘	全市	198	47.3	27.6	125	77	97
	其中永城	243	41.6	34.4	116	74	119
信阳	全市	298	56.9	34.6	242	77	176
	其中固始	379	91.8	29.5	244	75	196
周口	全市	210	54.2	27.1	122	88	114
	其中鹿邑	156	33.1	23.7	104	70	71
驻马店	全市	131	29.2	15.2	125	63	67
	其中新蔡	102	29.7	9.9	110	60	93
济源		365	33.4	18.3	270	67	324

注:万元 GDP 用水量和万元工业增加值用水量均按当年价格计算,且用水含有直流发电用水。

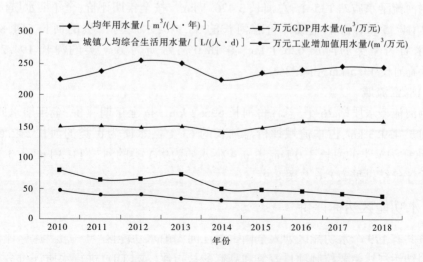

图 8-8 河南省 2010—2018 年主要用水指标变化趋势图

第四节　水体水质

2018年全省共监测水功能区239个,对应监测断面251个,监测河长6 326.4 km。其中,流域机构监测省界缓冲区30个、黄河干流水功能区8个、保护区2个、渔业用水区1个和保留区1个,河南省监测207个水功能区。

一、河流水质类别评价

全省河流水质类别按全年期评价,水质达到和优于Ⅲ类标准的河长3 846.7 km,占总河长的60.8%;水质为Ⅳ类的河长1 058.4 km,占总河长的16.7%;水质为Ⅴ类的河长820.2 km,占总河长的13.0%;水质为劣Ⅴ类的河长548.1 km,占总河长的8.7%;断流河长53 km,占总河长的0.8%。

(一)海河流域

监测河流型水质站19个,总河长460.1 km,监测河段水体污染严重。按全年期评价,刘庄水文站水质较2017年改善较大,由劣Ⅴ类提升为Ⅲ类,占本流域评价总河长的17.2%;毕屯和南乐断面水质为Ⅳ类,占15.0%;其余河段水质均为Ⅴ类和劣Ⅴ类,占67.8%,流域水体污染比较严重,主要污染项目为氨氮、化学需氧量、总磷。

(二)黄河流域

监测河流型水质站59个,总河长1 694.0 km。全年期水质为Ⅰ~Ⅲ类的河长1 280.9 km,占本流域评价总河长的75.6%;水质为Ⅳ类的河长182.1 km,占10.8%;水质为Ⅴ类的河长121.1 km,占7.1%;水质为劣Ⅴ类的河长100.4 km,占5.9%;断流的河长9.5 km,占0.6%。

(三)淮河流域

监测河流型水质站135个,总河长3 476.1 km。按全年期评价,全年期水质优于Ⅲ类的河长2 047.5 km,占本流域评价总河长的58.9%;水质为Ⅳ类的河长564.8 km,占16.2%;水质为Ⅴ类的河长626.1 km,占18.0%;水质为劣Ⅴ类的河长194.2 km,占5.6%;断流河长43.5 km,占1.3%。

(四)长江流域

监测河流型水质站26个,总评价河长696.2 km。按全年期评价,全年期水质为Ⅰ~Ⅲ类的河长439.3 km,占本流域评价总河长的63.1%;水质为Ⅳ类的河长242.6 km,占34.9%;水质为Ⅴ类的河长3.0 km,占0.4%;水质为劣Ⅴ类的河长11.3 km,占1.6%。

水质评价结果见表8-6及图8-9。

二、水功能区达标评价

全省共有179个水功能区列入全国重要江河湖泊水功能区"十三五"达标评价名录,采用限制纳污红线主要控制项目氨氮和高锰酸盐指数(或COD)进行水质评价分析,结果为:4个水功能区(3个农业用水区和1个景观娱乐用水区)连续断流6个月及以上,不参与达标评价统计;3个排污控制区没有水质目标,不参与达标评价统计;其余172个水功

能区中,有125个水功能区达标,达标率为72.7%。具体达标情况如下:

表8-6　2018年省辖四大流域河流水质评价成果表

水期	所属流域	水质类别	Ⅰ类	Ⅱ类	Ⅲ类	Ⅳ类	Ⅴ类	劣Ⅴ类	断流	合计
全年期	海河	河长/km	0	0	79.0	68.9	70.0	242.2	0	460.1
		占比/%	0	0	17.2	15.0	15.2	52.6	0	100
	黄河	河长/km	0	760.3	520.6	182.1	121.1	100.4	9.5	1 694.0
		占比/%	0	44.9	30.7	10.8	7.1	5.9	0.6	100
	淮河	河长/km	0	705.2	1 342.3	564.8	626.1	194.2	43.5	3 476.1
		占比/%	0	20.3	38.6	16.2	18.0	5.6	1.3	100
	长江	河长/km	80.0	282.5	76.8	242.6	3.0	11.3	0	696.2
		占比/%	11.5	40.6	11.0	34.9	0.4	1.6	0	100

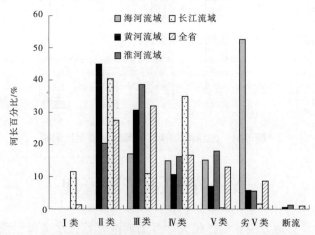

图8-9　2018年省辖四大流域河流水质类别图(占全年期河长%)

评价保护区16个,达标率为93.8%;评价保留区8个,达标率为75%;评价省界缓冲区23个,达标率为39.1%;评价饮用水源区23个,达标率为91.3%;评价工业用水区4个,达标率为75%;评价农业用水区52个,达标率为69.2%;评价渔业用水区6个,达标率为83.3%;评价景观娱乐用水区16个,达标率为68.8%;评价过渡区24个,达标率为79.2%。2018年全省各类水功能区达标情况见图8-10。

三、水库水质

2018年对河南省28座大中型水库实施了监测,其中海河流域3座,黄河流域6座,淮河流域15座,长江流域4座。依据《地表水环境质量标准》(GB 3838—2002)进行评价。

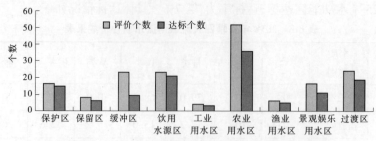

图8-10　2018年河南省各类水功能区达标率统计图

评价的水库水质均未达到Ⅰ类标准;水质达到Ⅱ类标准的水库10个,占评价总数的35.7%;水质达到Ⅲ类标准的水库13个,占评价总数的46.4%;水质达到Ⅳ类标准的水库3个,占评价总数的10.7%;水质达到Ⅴ类标准的1个,占评价总数的3.6%;水质劣Ⅴ类标准的1个,占评价总数的3.6%。2018年河南省水库水质类别比例见图8-11。

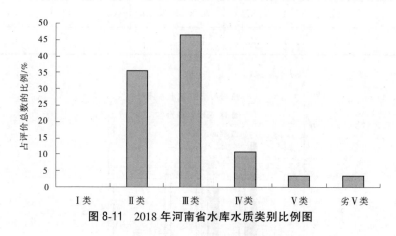

图8-11　2018年河南省水库水质类别比例图

第五节　水资源管理

1月1日,新乡县地方税务局办税大厅开出河南省首张水资源税税票,河南心连心化肥有限公司缴纳水资源税19.99万元。这是继河北省首批开征水资源税后,全国扩大水资源税改革试点首笔水资源税税款,标志着全国第二批征收水资源税的9个试点省份征收工作正式启动。为做好试点工作,从2017年9月开始,省水利厅会同财政、税务部门组织开展了全省取用水户摸底排查,先后拟定了规范取用水许可等18个指导性文件,组织开发了"河南省水资源税信息管理系统",在全国率先实现了申报、核定、征收管理的在线办理。经全省各地共同努力,到2018年底,全省登记水资源税纳税人18 141户,新增取水许可约7 000户,缴税17.37亿元,比2017年缴纳水资源费11.36亿元增长了6.01亿元。河南试点工作受到了财政部、水利部和国家税务总局的充分肯定,国家税务总局专门在郑州市召开全国第二批水资源税改革试点工作会议,推广学习河南经验。水利部会同国家税务总局组织有关技术人员入驻河南,借鉴河南水资源税信息管理系统开发经验,组织开发全国水资源税征收信息系统。

1月2日至5月31日，根据水利部的安排部署，全省各级水利主管部门组织开展了入河排污口调查摸底和规范整治专项行动，共调查登记入河排污口2 940个，其中规模以上入河排污口543个，规模以下入河排污口2 397个。这是按照《国务院机构改革方案》相关规定将水利部门编制水功能区划、排污口设置管理职责调整到生态环境部门前，水利系统安排部署的最后一次入河排污口摸底调查。此次专项行动得到了水利部的充分肯定，省水利厅在全国全面推行河长制调度会上进行了经验介绍。

1月28日，河南省水利厅批复《沙颍河流域生态流量调度方案》，沙颍河流域生态流量试点进入新阶段。试点期间，10月至翌年3月周口断面监测流量不小于4.30 m³/s，4—5月不小于5.00 m³/s，6—9月不小于15.70 m³/s。试点方案批复前，沙颍河流域管理局已从2017年开始组织开展了生态流量调度工作，至2018年底，圆满完成试点任务，为全国推进流域生态流量调度工作提供了成功经验。沙颍河流域生态流量调度试点，是水利部为贯彻落实2015年《国务院关于印发水污染防治行动计划的通知》精神，首次部署安排的全国试点之一，该试点工作由水利部淮河水利委员会牵头负责，河南省水利厅协调领导，沙颍河流域管理局组织实施。

1月起，河南省国家地下水监测工程（水利部分）正式投入使用。712处地下水自动监测站总体运行平稳，监测要素包括水位、水温，4个站兼有水质自动监测，监测数据"采六发一"，全年到报率95%以上。监测数据逐步应用到实际工作中，工程效益初步显现。8月，受台风"温比亚"的影响，豫东等地出现了建国以来罕见的台风暴雨洪水。通过地下水监测数据，直观反映了短时强降雨对地下水时空分布的影响情况。

2月23日，省水利厅会同省财政厅、农业厅编制完成《河南省2018年度地下水超采区综合治理试点方案》，并报水利部、财政部、农业部备案。河南省首次选取地下水超采问题严重、治理任务重、治理积极性较高，且具有黄河水、南水北调水替代水源的滑县、汤阴县、内黄县、浚县和兰考县5个县作为试点区，组织开展地下水超采区综合治理试点。试点资金60 872万元，其中城市部分治理资金15 872万元，由试点县自筹；农村部分治理资金45 000万元，由中央财政补助40 000万元，省级财政配套5 000万元。通过2018年度试点，计划压采地下水7 485万m³。至2018年12月底，试点区年度建设计划按期完成，预期目标初步实现。

5月21—23日，根据国务院关于实行最严格水资源管理制度考核的总体部署，水利部领导、国务院南水北调办总工张忠义带领国家第12检查组一行10人，采取明察暗访、重点抽查、技术复核等方式，对河南省2017年度最严格水资源管理制度贯彻落实情况进行现场检查。河南省按计划完成了水资源管理主要目标任务，年度考核为良好等级，连年保持在全国中上游水平。其中，全省用水总量233.77亿m³，比年度目标降低35.09亿m³；万元GDP用水量53.8 m³，比年度目标降低0.2 m³；万元工业增加值用水量27.5 m³，比目标降低1.8 m³；农田灌溉水有效利用系数0.608，比目标提高0.001；重要水功能区水质达标率70%，比年度目标提高6.4个百分点。

5月24日，根据3—4月省水利厅会同省发展改革委、省工业和信息化委、省财政厅、省国土资源厅、省环保厅、省住房城乡建设厅、省农业厅、省审计厅、省统计局等10个厅局实地检查和技术复核情况，经省人民政府审定同意，省水利厅公布全省18个省辖市、10

个省直管县(市)2017 年度实行最严格水资源管理制度考核结果,各地考核等级均为良好以上,其中许昌、南阳、驻马店、济源、焦作、信阳、平顶山、郑州、周口、洛阳等 10 个省辖市和永城、汝州、长垣、巩义等 4 个省直管县(市)为优秀等级。

6 月 29 日,经省政府同意,省水利厅印发《河南省地下水超采区治理规划》,首次以专项规划形式明确提出,全省超采区总面积 44 393 km²,年均地下水超采总量 11.11 亿 m³。各有关市、县要采取工程措施与非工程措施,着力解决地下水超采突出问题,保障地下水资源可持续利用。力争到 2020 年地下水超采量压采 49.8%左右,大多数超采区水位得到一定恢复,超采区得到有效治理,地下水资源储备和应急抗旱能力有所提高,平原区浅层地下水基本实现采补平衡,深层水超采量不超过现状。到 2030 年,地下水超采量压采率达到 83.2%,浅层地下水实现采补平衡,深层地下水除特殊需要外,原则上停止开采。

7 月 17 日,省长陈润儿到省水利厅调研,专题听取水资源综合利用网络规划汇报,研究新时代全省治水兴水大计。陈省长强调,要深入贯彻习近平总书记提出的水利工作方针,坚持节水优先,推进生态建设,实施水资源、水生态、水环境、水灾害"四水同治",保障全省经济社会持续健康发展。武国定副省长、黄河水利委员会岳中明主任等参加调研,河南省水利厅党组书记刘正才、厅长孙运锋汇报了相关工作。

10 月 31 日,财政部印发《关于提前下达 2019 年水利发展资金预算的通知》,其中安排河南省实行最严格水资源管理制度考核补助资金 3 000 万元。因水资源管理成效突出,河南省首次获得国家奖励。

11 月 19 日,国务院办公厅印发《关于对国务院第五次大督查发现的典型经验做法给予表扬的通报》,对全国一些地方在打好三大攻坚战和实施乡村振兴战略、深化"放管服"改革、推进创新驱动发展、持续扩大内需、推进高水平开放、保障和改善民生等方面改革创新的好经验、好做法进行通报表扬,其中河南省实施"四水同治"、加快水利现代化步伐的典型经验做法受到了通报表扬。

11 月 20 日至 12 月 10 日,河南省水利厅会同省住房城乡建设厅、省南水北调办公室,组织检查组对南水北调中线工程受水区地下水压采工作进行专项检查。2018 年全省计划压采地下水 6 279.2 万 m³,实际压采地下水 6 646.742 万 m³,计划封填和停用井数 1 077 眼,实际封填停用井数 1 374 眼,受水区浅层地下水位比 2017 年同期平均回升 0.32 m。至 2018 年底,累计压采地下水 4.73 亿 m³,提前和超额完成了 2020 年全省受水区城区压采 2.70 亿 m³ 的目标任务。

11 月 23 日,为贯彻落实陈润儿省长有关力争 3~5 年结束地下水超采历史的部署要求,根据河南省水利厅党组书记刘正才、厅长孙运锋的安排,水利厅组织召开座谈会,分析研究全省城乡供水现状及地下水保护面临的问题,安排部署城乡集中式饮用水地下水水源置换前期准备工作,并明确此项工作由水政水资源处牵头负责。

12 月 7 日,南阳市顺利通过全国水生态文明城市建设试点验收,至此,河南省 5 个国家级试点已全部按计划通过验收。省水利厅党组书记刘正才、副厅长杨大勇等参加了南阳试点验收。此前,许昌市、郑州市分别于 2017 年 4 月、11 月通过水利部会同河南省政府组织的联合验收,焦作市、洛阳市分别于 2018 年 11 月、12 月通过验收。5 个城市累计完成试点投资 814.96 亿元,通过实施水系连通和水生态修复、水环境整治等措施,提升了城市品位,改善了人居环境,增强了城市居民的获得感和幸福感,积极探索了不同区域、不同水资源条件下的水生态文明城市建设模式,为全省和全国提供了示范和借鉴。

12 月 12 日,河南省委、省政府召开实施"四水同治"加快推进新时代河南水利现代化动员大会,深入贯彻落实党的十九大精神和习近平总书记视察指导河南时的重要讲话,扎实践行习近平生态文明思想,聚焦水资源、水生态、水环境、水灾害"四水同治",对启动实施十项重大水利工程、做好水利建设重点工作进行安排部署,强调加快构建水清安澜、人水和谐生态新格局,为中原更加出彩提供坚实有力支撑。省委书记王国生、省长陈润儿出席并讲话,省政协主席刘伟出席。

12 月 28 日,河南省水利厅会同许昌市人民政府对鄢陵县、禹州市 2 个省级水生态文明城市建设试点进行行政验收。2 个县(市)3 年试点期间累计完成投资 37.3 亿元,完成重大项目 39 项。鄢陵县和禹州市是全省 10 个省级水生态文明城市建设试点中首批通过验收的城市,标志着全省省级水生态文明城市建设试点工作正式进入验收阶段。

12 月 31 日,河南省水利厅组织协调有关市、县水利部门和闸坝管理单位,利用黄河引水、南水北调中线工程补水和部分大型水库水源,全年为大沙河、共产主义渠、卫河、汤河、宏农涧河、蟒河、济河、贾鲁河、惠济河、清潩河、黑河、颍河、三里河、洪河、汝河、包河等 16 条河流调度生态水量 14.2 亿 m^3,加快了主要河流水生态环境改善,为探索建立全省生态水量调度长效机制奠定了基础。

第九章　2019 年河南省水资源公报

2019 年全省年降水量 529.1 mm,折合降水总量 875.9 亿 m³,较 2018 年减少 29.9%,较多年均值偏少 31.4%,属枯水年份。全省汛期 6—9 月降水量 338.3 mm,占全年降水量的 63.9%,较多年均值偏少 29.9%。

2019 年全省水资源总量为 168.90 亿 m³,其中地表水资源量 105.79 亿 m³,地下水资源量 119.45 亿 m³,重复计算量 56.34 亿 m³。水资源总量比多年均值减少 58.1%,比 2018 年减少 50.3%。产水模数为 10.2 万 m³/km²,产水系数为 0.19。

2019 年全省大中型水库(不包括小浪底水库、西霞院水库、三门峡水库)年末蓄水总量 37.88 亿 m³,比年初减少 11.01 亿 m³。其中,大型水库 31.01 亿 m³,比年初减少 8.37 亿 m³;中型水库 6.87 亿 m³,比年初减少 2.64 亿 m³。

2019 年末全省平原区浅层地下水位与 2018 年同期相比,平均下降 1.02 m,地下水储存量减少 32.3 亿 m³。1980 年以来浅层地下水储存量累计减少 136.1 亿 m³。

2019 年全省总供水量 237.8 亿 m³,其中地表水源供水量 117.4 亿 m³,地下水源供水量 112.5 亿 m³,集雨及其他非常规水源供水量 7.9 亿 m³。

2019 年全省总用水量 237.8 亿 m³,其中农业用水量 121.8 亿 m³(含农田灌溉水量 108.5 亿 m³),工业用水量 45.2 亿 m³,生活用水量 41.6 亿 m³,生态环境用水量 29.2 亿 m³。

2019 年全省人均综合用水量为 247 m³,万元 GDP(当年价)用水量 32.1 m³,农田灌溉亩均用水量 157 m³,万元工业增加值(当年价)用水量 24.5 m³(含火电),城镇综合生活人均用水 157 L/d,农村居民生活人均用水 73 L/d。

第一节　水资源量

一、降水量

2019 年全省年降水量 529.1 mm,折合降水总量 875.9 亿 m³,较 2018 年减少 29.9%,较多年均值偏少 31.4%,属枯水年份。

全省汛期 6—9 月降水量 338.3 mm,占全年降水量的 63.9%,较多年均值偏少 29.9%;非汛期降水量 190.8 mm,占全年降水量的 36.1%,比多年均值偏少 33.2%。

省辖海河流域年降水量 385.7 mm,比多年均值偏少 36.8%;黄河流域 546.6 mm,比多年均值偏少 13.7%;淮河流域 545.4 mm,比多年均值偏少 35.2%;长江流域 534.9 mm,比多年均值偏少 35.0%。

全省 17 个省辖市和济源示范区年降水量与多年均值相比全部偏少,偏少 30%以上就有 9 个市,其中偏少最多的是驻马店市,偏少 42.6%;其次为信阳市,偏少 39.8%;再次为周口市,偏少 38.3%,新乡市偏少 37.8%,偏少最少的是洛阳市和三门峡市,分别偏少 6.0% 和 7.5%。

2019 年河南省各行政区、流域区年降水量与 2018 年、多年均值比较详见表 9-1,全省历年降水量变化情况见图 9-1。

表 9-1　2019 年河南省年降水量表

行政区/流域区	年降水量/mm	与 2018 年比较/%	与多年均值比较/%	行政区/流域区	年降水量/mm	与 2018 年比较/%	与多年均值比较/%
郑州市	480.2	-15.1	-23.3	南阳市	525.9	-30.6	-36.4
开封市	459.6	-19.8	-30.2	商丘市	525.5	-32.4	-27.3
洛阳市	634.2	-9.6	-6.0	信阳市	665.1	-36.5	-39.8
平顶山市	547.1	-21.7	-33.2	周口市	463.9	-39.4	-38.3
安阳市	417.8	-40.6	-29.8	驻马店市	514.7	-47.8	-42.6
鹤壁市	404.8	-31.8	-35.7	济源市	577.0	-21.5	-13.7
新乡市	380.6	-38.4	-37.8	全省	529.1	-29.9	-31.4
焦作市	375.4	-35.8	-36.2	海河	385.7	-38.7	-36.8
濮阳市	410.4	-32.8	-26.9	黄河	546.6	-17.1	-13.7
许昌市	515.3	0.2	-26.3	淮河	545.4	-33.2	-35.2
漯河市	551.8	-22.4	-28.5	长江	534.9	-29.3	-35.0
三门峡市	624.7	-2.2	-7.5				

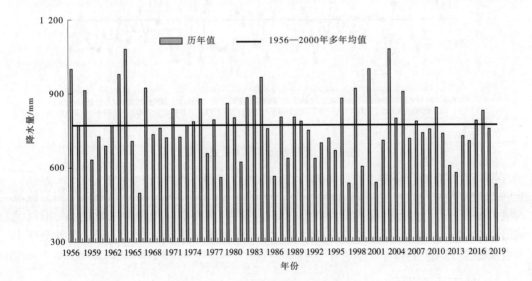

图 9-1　河南省历年降水量变化图

二、地表水资源量

2019 年全省地表水资源量 105.78 亿 m³,折合径流深 63.9 mm,比多年均值 304.0 亿 m³ 偏少 65.2%,比上年度偏少 56.2%,发生频率为 97%。

省辖海河流域地表水资源量 5.48 亿 m³,比多年均值偏少 66.5%;黄河流域 25.33 亿 m³,比多年均值偏少 43.7%;淮河流域 60.33 亿 m³,比多年均值偏少 66.2%;长江流域 14.64 亿 m³,比多年均值偏少 77.3%,为 1956 年以来最小。按水系分,全省所有河流地表水资源量均较多年均值偏小,其中偏少超过 70% 的有海河流域卫河水系上游山区、长江流域唐白河水系、淮河流域沙颍河水系及洪汝河水系上游区域;淮河流域沂沭泗水系偏少 15%,为全省偏少最小区域,其他水系偏少基本上在 30%~70%。

全省 17 个省辖市和济源示范区地表水资源量与多年均值相比,驻马店市、南阳市、鹤壁市偏少 70% 以上,其中驻马店市偏少达 79.6%;平顶山市、安阳市、新乡市、濮阳市、漯河市、信阳市、周口市偏少幅度在 60%~70%;郑州市、洛阳市、许昌市偏少幅度在 50%~60%;开封市偏少 27.3%,为全省偏小幅度最小的省辖市。

根据河南省水资源调查评价成果和 2001 年以来水资源公报,全省河川径流量(地表水资源量)呈现减少趋势,尤其是 2011 年以来,降水连续偏枯,径流减少趋势更为明显。全省历年径流量变化情况见图 9-2。

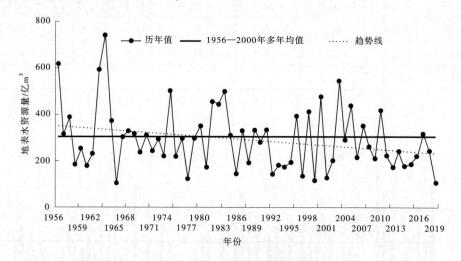

图 9-2　河南省历年径流量变化图

2019 年全省入境水量 424.2 亿 m³。其中,黄河流域入境 414.0 亿 m³(黄河干流三门峡以上入境 406.7 亿 m³),淮河流域入境 2.57 亿 m³,长江流域入境 6.22 亿 m³,海河流域入境 1.36 亿 m³。全省出境水量 480.1 亿 m³。其中,黄河流域出境 407.8 亿 m³,淮河流域出境 44.20 亿 m³,长江流域出境 24.91 亿 m³,海河流域出境 3.20 亿 m³。全省全年出入境水量差 55.88 亿 m³。

三、地下水资源量

2019 年全省地下水资源量为 119.45 亿 m³,地下水资源模数平均为 7.22 万 m³/km²。

其中,山丘区51.19亿 m³,平原区78.66亿 m³,平原区与山丘区重复计算量10.40亿 m³。
全省地下水资源量比多年均值减少39.1%,比2018年减少37.2%;省辖海河、黄河、淮河、
长江流域地下水资源量分别为12.98亿 m³、27.83亿 m³、63.49亿 m³、15.16亿 m³。2019
年地下水资源量详见表9-2。

表9-2　2019年河南省水资源量与多年均值比较表　　　　水量:亿 m³

行政区/ 流域区	降水量/ 亿 m³	地表水 资源量/ 亿 m³	地下水 资源量/ 亿 m³	地表水与 地下水资源 重复量/亿 m³	水资源 总量/亿 m³	水资源总量与 多年均值 比较/%	产水 系数
郑州市	36.18	3.21	5.29	1.86	6.64	-49.6	0.18
开封市	28.78	2.94	7.07	2.13	7.89	-31.3	0.27
洛阳市	96.58	13.03	9.36	6.47	15.93	-44.0	0.16
平顶山市	43.27	4.99	5.21	2.30	7.91	-56.9	0.18
安阳市	30.72	2.91	5.17	1.43	6.64	-49.0	0.22
鹤壁市	8.65	0.58	1.62	0.44	1.76	-52.6	0.20
新乡市	31.40	2.46	7.97	3.59	6.84	-54.1	0.22
焦作市	15.02	2.18	3.74	0.78	5.15	-31.9	0.34
濮阳市	17.19	0.64	4.74	2.55	2.83	-50.2	0.16
许昌市	25.65	1.98	4.02	0.61	5.38	-38.9	0.21
漯河市	14.87	1.05	3.30	0.48	3.87	-39.6	0.26
三门峡市	62.08	9.84	6.94	6.26	10.52	-35.0	0.17
南阳市	139.41	15.05	14.71	8.22	21.54	-68.5	0.15
商丘市	56.22	5.08	5.38	0.41	10.04	-49.3	0.18
信阳市	125.76	26.05	14.31	12.30	28.06	-68.3	0.22
周口市	55.47	4.64	9.04	1.38	12.30	-53.5	0.22
驻马店市	77.69	7.42	9.85	4.07	13.20	-73.3	0.17
济源市	10.93	1.73	1.75	1.06	2.42	-22.2	0.22
全省	875.87	105.79	119.45	56.34	168.90	-58.1	0.19
海河流域	59.16	5.48	12.98	4.46	14.01	-49.3	0.24
黄河流域	197.67	25.33	27.83	16.87	36.28	-38.0	0.18
淮河流域	471.37	60.33	63.49	26.26	97.56	-60.4	0.21
长江流域	147.67	14.64	15.16	8.76	21.05	-70.5	0.14

四、水资源总量

2019年全省水资源总量为168.90亿 m³。其中,地表水资源量105.79亿 m³,地下水

资源量 119.45 亿 m³,重复计算量 56.34 亿 m³。水资源总量比多年均值减少 58.1%,比 2018 年减少 50.3%。产水模数为 10.2 万 m³/km²,产水系数为 0.19。

省辖海河、黄河、淮河、长江流域水资源总量分别为 14.01 亿 m³、36.28 亿 m³、97.56 亿 m³、21.05 亿 m³。与多年均值相比,海河流域减少 49.3%,黄河流域减少 38.0%,淮河流域减少 60.4%,长江流域减少 70.5%。

与多年均值比较,所有省辖市水资源总量大幅减少。其中,驻马店市减幅最大,达 73.3%,南阳、信阳、平顶山、新乡、周口、鹤壁、濮阳市减幅在 50.2%～68.5%,郑州、商丘、安阳、洛阳、漯河、许昌、三门峡、焦作、开封、济源市减幅在 22.2%～49.6%。

2019 年各省辖市、省辖流域水资源量详见表 9-2,水资源总量各流域占比见图 9-3,各行政分区水资源总量与多年均值比较见图 9-4。

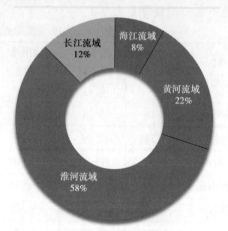

图 9-3　2019 年河南省流域
分区水资源总量组成图

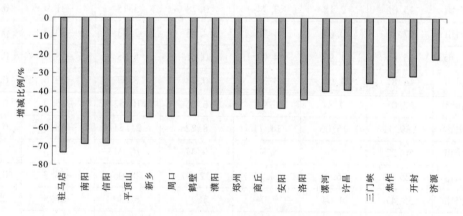

图 9-4　2019 年水资源总量与多年均值比较图

第二节　蓄水动态

一、大中型水库

2019 年全省 23 座大型水库(不包括小浪底水库、西霞院水库、三门峡水库)和 104 座中型水库年末蓄水总量 37.88 亿 m³,比年初减少 11.01 亿 m³。其中,大型水库 31.01 亿 m³,比年初减少 8.37 亿 m³;中型水库 6.87 亿 m³,比年初减少 2.64 亿 m³。

淮河流域大中型水库年末蓄水总量 18.47 亿 m³,比年初减少 7.05 亿 m³;黄河流域 10.73 亿 m³,比年初增加 0.33 亿 m³;长江流域 5.77 亿 m³,比年初减少 2.97 亿 m³;海河流域 2.91 亿 m³,比年初减少 1.32 亿 m³。全省大型水库 2019 年年初、年末蓄水情况详见表 9-3。

表 9-3　全省各大型水库 2019 年年初、年末蓄水量表　　单位:亿 m³

水库名称	蓄水量		年蓄水变量	水库名称	蓄水量		年蓄水变量
	年初	年末			年初	年末	
小南海	0.228	0.115	−0.113	板桥	1.787	0.965	−0.822
盘石头	1.647	1.382	−0.265	薄山	1.982	1.644	−0.338
窄口	0.731	0.592	−0.139	石漫滩	0.429	0.380	−0.049
陆浑	3.777	3.417	−0.360	昭平台	1.664	1.303	−0.361
故县	4.130	5.020	0.890	白龟山	1.449	2.683	1.235
河口村	0.835	0.818	−0.017	孤石滩	0.428	0.301	−0.127
南湾	4.205	2.201	−2.004	燕山	1.688	1.430	−0.258
石山口	0.734	0.268	−0.466	白沙	0.145	0.114	−0.032
泼河	1.093	0.735	−0.358	宋家场	0.535	0.329	−0.205
五岳	0.746	0.507	−0.239	鸭河口	5.353	3.401	−1.952
鲇鱼山	3.963	1.846	−2.117	赵湾	0.461	0.275	−0.186
宿鸭湖	1.367	1.281	−0.086	全省合计	39.375	31.007	−8.368

注:本年度新增河口村水库纳入统计,全省大型水库由以往的 22 座变更为 23 座。

二、浅层地下水动态

与 2018 年同期相比,2019 年末全省平原区浅层地下水位平均下降 1.02 m,地下水储存量减少 32.3 亿 m³。其中,海河流域水位平均下降 1.33 m,储存量减少 4.8 亿 m³;黄河流域水位平均下降 0.64 m,储存量减少 3.3 亿 m³;淮河流域水位平均下降 1.00 m,储存量减少 21.0 亿 m³;长江流域水位平均下降 1.40 m,储存量减少 3.1 亿 m³。1980 年以来,浅层地下水储存量累计减少 136.1 亿 m³,其中海河流域减少 44.0 亿 m³,黄河流域减少 31.9 亿 m³,淮河流域减少 48.8 亿 m³,长江流域减少 11.5 亿 m³。1980 年以来河南省辖流域浅层地下水储存量变化情况见图 9-5。

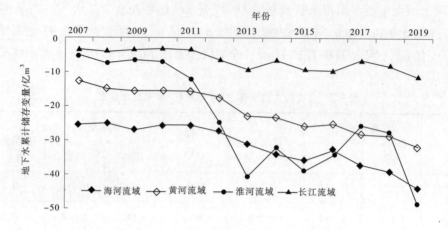

图9-5　1980年以来平原区浅层地下水储存量累计变化图

第三节　供用水量

一、供水量

2019年全省总供水量237.8亿m³，其中地表水源供水量117.4亿m³，占总供水量的49.4%；地下水源供水量112.5亿m³，占总供水量的47.3%；集雨及其他非常规水源供水量7.9亿m³，占总供水量的3.3%。在地表水开发利用中，全省引用入过境水量约60.2亿m³，其中南水北调中线工程引水量19.8亿m³（含引丹灌区1.9亿m³），引黄河干流水量35.2亿m³，引沁丹河水量2.8亿m³，引漳河水量1.1亿m³，引史河水量1.3亿m³。全省跨水资源一级区调水35.2亿m³（其中南水北调中线工程调入淮河、黄河、海河流域15.9亿m³）。在地下水源利用中，开采浅层地下水104.8亿m³，深层地下水7.7亿m³。

2019年省辖海河流域供水量39.1亿m³，占全省总供水量的16.4%；黄河流域供水量52.5亿m³，占全省总供水量的22.1%；淮河流域供水量122.2亿m³，占全省总供水量的51.4%；长江流域供水量24.0亿m³，占全省总供水量的10.1%。

以地下水源供水为主的行政区有安阳、鹤壁、焦作、开封、许昌、漯河、南阳、商丘、周口、驻马店等10个市，地下水源供水量占其总供水量的50%以上，周口市占比最高，达82.3%。以地表水源供水为主的行政区有郑州、洛阳、平顶山、新乡、濮阳、三门峡、信阳、济源等8个市，地表水源占其总供水量的50%以上，信阳市占比最高，达93.4%。2019年河南省供用耗水量详见表9-4。2019年河南省各省辖市供水量及水源结构见图9-6。

表 9-4　2019 年河南省供用耗水量表　　　　　　　　单位:亿 m³

分区名称		供水量				用水量					耗水量
		地表水	地下水	其他	合计	农业	工业	生活	生态	合计	
郑州	全市	11.398	6.647	3.608	21.652	4.241	4.986	7.297	5.128	21.652	10.003
	其中巩义	0.412	0.950	0.159	1.521	0.428	0.492	0.465	0.137	1.521	0.807
开封	全市	6.243	9.797	0.355	16.394	8.961	1.757	1.987	3.690	16.394	9.853
	其中兰考	1.095	1.163	0.010	2.268	1.422	0.330	0.237	0.280	2.268	1.351
洛阳		8.370	6.234	0.503	15.107	5.082	5.417	2.967	1.640	15.107	7.357
平顶山	全市	6.867	2.601	0.416	9.883	2.719	3.127	1.544	2.493	9.883	4.077
	其中汝州	0.370	1.099	0.048	1.517	0.761	0.462	0.255	0.039	1.517	0.770
安阳	全市	6.434	8.156	0.011	14.601	8.977	1.785	1.727	2.112	14.601	9.641
	其中滑县	1.523	1.858	0.011	3.392	2.483	0.136	0.259	0.514	3.392	2.473
鹤壁		1.885	2.672	0.117	4.674	2.797	0.644	0.614	0.620	4.674	3.135
新乡	全市	10.938	9.086	0.217	20.241	14.015	2.374	2.571	1.280	20.241	13.353
	其中长垣	1.198	0.686	0.217	2.101	1.354	0.242	0.323	0.181	2.101	1.302
焦作		5.912	6.689	0.609	13.210	8.102	3.171	1.372	0.565	13.210	7.971
濮阳		9.035	5.288		14.323	9.297	2.558	1.506	0.962	14.323	7.947
许昌市		3.412	4.714	0.619	8.745	2.878	2.543	1.873	1.450	8.745	4.893
漯河		1.408	2.878	0.094	4.380	1.527	1.223	0.980	0.651	4.380	2.425
三门峡		2.764	1.170	0.213	4.146	1.131	1.258	1.243	0.514	4.146	2.221
南阳	全市	11.198	13.160	0.135	24.493	13.470	5.453	3.765	1.805	24.493	12.735
	其中邓州	3.436	0.800	0.015	4.251	2.290	0.396	0.845	0.720	4.251	2.225
商丘	全市	5.054	9.160	0.378	14.592	8.965	1.850	2.085	1.692	14.592	9.419
	其中永城	0.687	2.466	0.160	3.313	1.692	0.471	0.466	0.685	3.313	1.972
信阳	全市	18.861	1.132	0.206	20.199	10.920	2.426	3.748	3.106	20.199	8.630
	其中固始	4.062	0.197		4.258	2.871	0.260	0.606	0.521	4.258	1.852
周口	全市	3.269	15.541	0.066	18.876	12.041	2.749	3.441	0.646	18.876	12.352
	其中鹿邑	0.061	1.074	0.040	1.175	0.582	0.260	0.311	0.022	1.175	0.738
驻马店	全市	2.671	6.541	0.296	9.508	5.467	1.221	2.373	0.448	9.508	6.313
	其中新蔡	0.119	0.910		1.029	0.701	0.054	0.244	0.031	1.029	0.752
济源		1.710	1.031	0.079	2.820	1.208	0.653	0.534	0.426	2.820	1.545
全省		117.428	112.498	7.919	237.845	121.798	45.194	41.625	29.228	237.845	133.871
海河		18.052	20.431	0.608	39.091	22.911	6.855	5.399	3.927	39.091	23.812
黄河		29.677	21.460	1.409	52.546	28.517	11.518	7.743	4.769	52.546	30.647
淮河		58.580	57.951	5.699	122.229	57.663	21.349	24.588	18.630	122.229	66.949
长江		11.119	12.656	0.203	23.978	12.708	5.473	3.896	1.902	23.978	12.462

注:牲畜用水计入农业用水中。

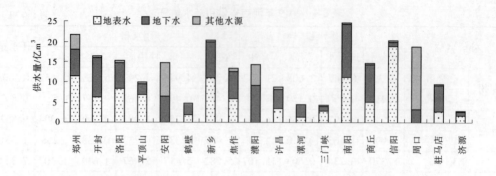

图9-6　2019年河南省各省辖市供水量及水源结构图

二、用水量

2019年全省总用水量237.8亿 m³,其中农业用水量121.8亿 m³(含农田灌溉水量108.5亿 m³),占总用水量的51.2%;工业用水量45.2亿 m³,占总用水量的19.0%;生活用水量41.6亿 m³,占总用水量的17.5%;生态环境用水量29.2亿 m³,占总用水量的12.3%。2019年全省、省辖流域用水结构详见图9-7。

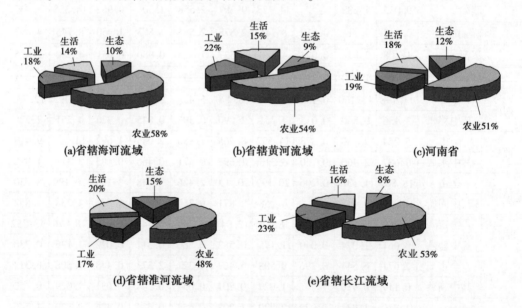

图9-7　2019年全省及省辖流域用水结构图

2019年省辖海河流域用水量39.1亿 m³,占全省总用水量的16.4%;黄河流域52.5亿 m³,占全省总用水量的22.1%;淮河流域122.2亿 m³,占全省总用水量的51.4%;长江流域24.0亿 m³,占全省总用水量的10.1%。

由于水源条件、产业结构、生活水平和经济发展状况的差异,各区域用水量及其结构有所不同。洛阳、平顶山、许昌、漯河、三门峡等市工业用水量相对较大,占其用水总量的比例超过 25%；安阳、新乡、焦作、濮阳、商丘、周口等市农业用水量占其用水总量的比例相对较大，均在 60% 以上。2019 年河南省市级行政区用水及其结构详见图 9-8。

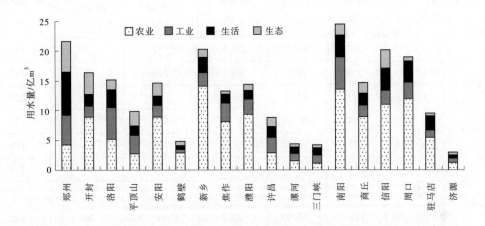

图 9-8　2019 年河南省市级行政区用水及其结构图

三、用水消耗量

2019 年全省用水消耗总量 133.9 亿 m³，占总用水量的 56.3%。其中，农业用水消耗量占全省用水量消耗总量的 65.8%，工业用水消耗占 8.6%，城乡生活、环境用水消耗占 25.6%。

四、用水指标

2019 年全省人均综合用水量为 247 m³；万元 GDP（当年价）用水量为 32.1 m³（注：河南省万元 GDP 用水量指一产、二产、三产用水量之和，除以生产总值）；农田灌溉亩均用水量 157 m³；万元工业增加值（当年价）用水量为 24.5 m³（含火电）；城镇综合生活人均用水 157 L/d（注：自 2018 年起，统计口径调整为：城镇综合生活用水=城镇公共用水+城镇居民生活用水；之前城镇生活用水指标为大生活用水，含城镇居民生活、服务业、城镇环境），农村居民生活人均 73 L/d。

人均综合用水量：小于 200 m³ 的省辖市有三门峡、商丘、许昌、平顶山、漯河、驻马店等 6 市，大于 300 m³ 的有濮阳、新乡、焦作、开封、信阳、济源等 6 市，其余 6 市人均用水量为 200~300 m³。

万元 GDP 用水量：小于 30 m³ 的省辖市有三门峡、洛阳、郑州、许昌、平顶山、漯河、驻马店等市，大于 60 m³ 的省辖市只有濮阳市，其余省辖市万元 GDP 用水量为 30~60 m³。

2019 年河南省各市级行政区用水指标见表 9-5，河南省 2010—2019 年各项用水指标变化情况见图 9-9。

表 9-5 2019 年各行政区用水指标

行政区		人均综合用水量/m³	万元GDP用水量/m³	万元工业增加值用水量/m³	城镇综合生活人均用水量/(L/d)	农村居民生活人均用水量/(L/d)	农田灌溉亩均用水量/m³
全省		247	32.1	24.5	157	73	157
郑州	全市	209	9.3	16.5	218	121	153
	其中巩义	180	12.3	11.4	175	115	209
开封	全市	358	46.7	22.7	150	88	156
	其中兰考	347	45.0	23.1	119	84	135
洛阳		218	22.2	28.7	152	68	229
平顶山	全市	197	25.2	34.0	102	61	138
	其中汝州	156	25.9	30.2	81	63	132
安阳	全市	281	49.7	25.8	123	54	189
	其中滑县	315	70.7	12.9	73	62	142
鹤壁		286	35.6	12.1	136	52	219
新乡	全市	348	57.4	23.3	162	72	262
	其中长垣	266	34.7	14.1	150	75	198
焦作		367	41.7	23.5	133	60	305
濮阳		397	77.0	56.1	167	68	256
许昌		196	17.0	15.7	154	69	84
漯河		164	18.7	19.2	132	64	64
三门峡		182	18.8	23.3	179	110	122
南阳	全市	244	51.2	58.2	136	72	172
	其中邓州	311	64.1	38.2	223	127	93
商丘	全市	199	38.0	19.1	112	50	104
	其中永城	267	36.2	21.3	149	55	144
信阳	全市	312	51.8	31.7	243	78	192
	其中固始	386	79.9	28.5	243	76	191
周口	全市	218	46.9	24.3	126	95	119
	其中鹿邑	133	21.4	19.1	98	95	51
驻马店	全市	135	26.4	15.1	137	56	67
	其中新蔡	121	29.0	9.8	107	62	137
济源		384	31.4	16.9	265	84	335

注：万元GDP用水量和万元工业增加值用水量均按当年价格计算，且用水含有平顶山市与南阳市直流发电用水。

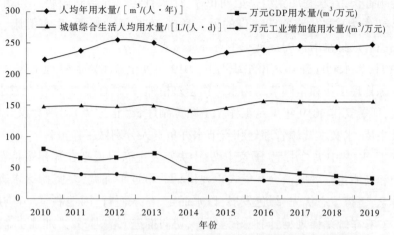

图9-9　河南省2010—2019年各项主要用水指标变化趋势图

注：城镇综合生活人均用水指标采用"公共用水+居民生活用水"统计口径，万元GDP用水量和万元工业增加值
　　用水量均按当年价格计算。

第四节　水资源管理

1月14日，为贯彻落实《河南省人民政府关于实施四水同治加快推进新时代水利现代化的意见》（豫政〔2018〕31号）有关精神，组织实施水源置换工程建设，加快推进地下水超采综合治理，根据省政府陈润儿省长、武国定副省长的安排部署，省水利厅厅长孙运锋组织召开全省城乡供水地下水水源置换研究专题会，分析讨论地表水置换地下水水源的可行性、必要性、紧迫性，安排编制地下水源置换规划方案等重点工作，并明确水源置换相关工作由水政水资源处牵头负责。省厅总规划师及水政水资源处、规划计划处、农村水利处、河南省水文水资源局、河南省水利规划勘测设计公司相关负责同志参加会议。

1月23—25日，鄢陵县、郏县水权试点通过河南省水利厅组织的技术评估和行政验收。鄢陵县、郏县在调查摸底的基础上，对水权确权的主要类型、基本路径、水量核定等进行了积极探索，为全省推广水权确权积累了经验。

3月1日，省水利厅厅长孙运锋主持召开离任厅领导任职期间经济责任和水资源管理责任审计发现问题整改会议，安排部署相关整改工作。省水利厅是国家部署开展领导干部自然资源资产离任审计工作以来，接受河南省审计部门水资源资产审计的首个省政府组成部门。

3月12日，根据水利部的统一部署，省水利厅在郑州组织召开"河南省长江流域取水工程（设施）核查登记工作启动会暨技术培训会"，启动长江流域取水工程（设施）核查登记工作，为全省其他流域开展相关工作积累经验。通过核查登记，摸清家底、排查问题、整改提升，依法规范水资源管理。

3月27日，水利部部长鄂竟平一行到郑州市、焦作市调研指导"四水同治"工作。省政府武国定副省长,省水利厅党组书记刘正才、厅长孙运锋等陪同调研。鄂竟平指出,要把"四水同治"作为推进生态文明建设的重要举措,实现河湖畅通、生态健康、人水和谐,着力满足人民群众日益增长的优美水生态环境需要。

4月19日,省水利厅在郑州市组织召开2019年度全省水资源管理工作会议,传达贯彻全国水资源管理工作和全国节约用水工作会议精神,回顾总结2018年全省水资源管理和节水成效,部署安排2019年重点工作。王国栋副厅长(正厅级)出席会议并做讲话,郭伟副巡视员主持,水文水资源管理处和省节水办负责人分别做工作报告。

9月18日,中共中央总书记、国家主席、中央军委主席习近平在郑州主持召开黄河流域生态保护和高质量发展座谈会并发表重要讲话。习近平强调,要坚持绿水青山就是金山银山的理念,坚持生态优先、绿色发展,以水而定、量水而行,因地制宜、分类施策,上下游、干支流、左右岸统筹谋划,共同抓好大保护,协同推进大治理,着力加强生态保护治理、保障黄河长治久安、促进全流域高质量发展、改善人民群众生活、保护传承弘扬黄河文化,让黄河成为造福人民的幸福河。习近平强调,要推进水资源节约集约利用。黄河水资源量就这么多,搞生态建设要用水,发展经济、吃饭过日子也离不开水,不能把水当作无限供给的资源。要坚持以水定城、以水定地、以水定人、以水定产,把水资源作为最大的刚性约束,合理规划人口、城市和产业发展,坚决抑制不合理用水需求,大力发展节水产业和技术,大力推进农业节水,实施全社会节水行动,推动用水方式由粗放向节约集约转变。中共中央政治局常委、国务院副总理韩正出席座谈会并讲话。河南省委书记王国生等省(区)、国家部委负责人发言,分别从黄河流域生态修复、水土保持、污染防治等方面谈了认识和看法,结合实际提出了意见和建议。

9月21日,省水利厅组织参加河南省电视台《百姓问政·水利》访谈,并现场回答代表提出的有关水资源管理、节约用水、河湖"清四乱"、河道采砂治理、农村饮水安全等问题。省水利厅党组书记刘正才,副厅长王国栋,副厅长、省移民办主任吕国范,副厅长戴艳萍等做客"百姓问政"演播室。水文水资源管理处、河长制工作处、农村水利水电处负责人就问政嘉宾、观察员关心的有关问题进行解答。

10月10日,省水利厅召开全省水利系统黄河流域生态保护和高质量发展座谈会,省水利厅党组书记刘正才主持会议。会议学习了习近平总书记考察调研河南重要指示及在黄河流域生态保护和高质量发展座谈会上的重要讲话精神,传达了省委、省政府关于学习贯彻习近平总书记重要讲话精神的有关部署。与会人员围绕水利系统如何推进"黄河流域生态保护和高质量发展"进行了探讨。

10月24日,省水利厅举行节水机关建设倡议活动,厅党组书记刘正才出席活动并讲话,副厅长王国栋宣读《河南省水利厅节水机关建设倡议书》。副厅长武建新、厅党组成员申季维及厅机关各处室、在厅机关大院办公的厅属单位全体干部职工参加活动。

11月6日,水利部正司级领导干部程殿龙,全国节约用水办公室、水利部节约用水促进中心相关负责同志到河南省水利厅对节水机关建设情况进行检查指导。河南省水利厅副厅长刘玉柏等陪同调研。

11 月 16 日,省水利厅党组书记刘正才主持召开黄河流域生态保护和高质量发展研讨会,专题研讨黄河流域水资源综合利用、水生态保护与修复、黄河桃花峪水库工程、黄河滩区治理及居民迁建等专题报告。王国栋、武建新、吕国范、戴艳萍、任强、申季维等厅领导出席会议。

12 月 5 日,受水利部委托,淮委副总工及淮委节约保护处、淮委服务中心相关专家组成的验收组对河南省水利厅节水机关建设工作进行验收。河南省水利厅副厅长王国栋、副巡视员杜晓琳等参加验收会。

12 月 25—26 日,驻马店市省级水生态文明城市建设试点顺利通过省水利厅组织的技术评估和行政验收。驻马店市委、市政府坚持生态引领、保护优先,积极践行新时代治水思路,连通了练江河、小清河、五里河等城市中心河流生态水系,实施了板桥水库、薄山水库、宿鸭湖湿地的保护与修复,开展了开源河、骏马河等重要水系的绿化带建设及水土保持、河道疏浚治理等工程。打造出带状公园、城市湿地等一批独具魅力的"多彩水岸",为全省创建水生态文明城市做出了积极探索。2019 年 4 月 18 日、9 月 26 日汝州市、兰考县两个省级试点已先后通过评估验收。

12 月 27 日,省发改委、省水利厅联合印发《河南省节水行动实施方案》(豫发改环资〔2016〕789 号),部署开展水资源消耗总量和强度双控行动、农业农村领域节水增效行动、工业领域节水减排行动、城镇节水降损行动、重点地区节水开源行动、节水科技引领行动、节水政策体制改革行动、节水市场机制创新行动等 8 项重点行动。

12 月 31 日,为把水资源作为最大的刚性约束,根据水利部有关"合理分水、管住用水"和"应分尽分、再难也要分"的部署要求,河南省水利厅印发《关于开展省内跨区域河流水量分配工作的通知》(豫水办资〔2019〕45 号),部署开展已纳入水利部分配范围的 16 条河流水量分配工作,将可用水量逐级分解落实到县级行政区域,并明确主要河流重要控制断面的下泄流量要求。其他主要河流依次分期开展。

第十章　2020年河南省水资源公报

2020年河南省年降水量874.3 mm,折合降水总量1 447.3亿 m³,较2019年增加65.2%,较多年均值(771.1 mm)偏多13.4%,属偏丰年份。全省汛期6—9月降水量587.5 mm,占全年的67.2%,较多年均值偏多21.7%。

2020年全省水资源总量为408.59亿 m³。其中,地表水资源量294.85亿 m³,地下水资源量189.37亿 m³,重复计算量75.63亿 m³。水资源总量比多年均值(403.53亿 m³)增加1.3%,比2019年增加141.9%。产水模数为24.7万 m³/km²,产水系数为0.28。

2020年全省入境水量521.72亿 m³,出境水量679.05亿 m³,出境水量比入境水量偏多157.33亿 m³。

2020年全省大中型水库(不包括小浪底水库、西霞院水库、三门峡水库、新增前坪水库、出山店水库)年末蓄水总量65.03亿 m³,比年初增加27.08亿 m³。其中,大型水库蓄水53.47亿 m³,比年初增加22.40亿 m³;中型水库蓄水11.56亿 m³,比年初增加4.68亿 m³。

2020年末全省平原区浅层地下水位与2019年同期相比,平均上升0.92 m,地下水储存量增加32.86亿 m³。1980年以来浅层地下水储存量累计减少103.23亿 m³。

2020年全省总供水量237.14亿 m³,其中地表水源供水量120.79亿 m³,地下水源供水量105.77亿 m³,集雨及其他非常规水源供水量10.58亿 m³。按用水行业分类,农业用水量123.45亿 m³(其中农田灌溉水量111.05亿 m³),占总用水量的52.0%;工业用水35.59亿 m³,占15.0%;生活用水43.12亿 m³,占18.2%;生态环境用水34.98亿 m³,占14.8%。全省2020年用水消耗总量134.92亿 m³,占总用水量的56.9%。

2020年全省人均综合用水量为239 m³;万元GDP(当年价)用水量为30.5 m³(注:我省万元GDP用水量指一产、二产、三产用水量之和,除以生产总值,以下同);农田灌溉亩均用水量165 m³;万元工业增加值(当年价)用水量20.0 m³(含火电);城镇综合生活人均用水158 L/d,农村居民生活人均用水71 L/d。

第一节　水资源量

一、降水量

2020年全省年降水量874.3 mm,折合降水总量1 447.3亿 m³,较2019年增加65.2%,较多年均值增加13.4%,属偏丰年份。

全省汛期6—9月降水量587.5 mm,占全年降水量的67.2%,较多年均值偏多21.7%;非汛期降水量286.8 mm,占全年降水量的32.8%,与多年均值基本持平。

省辖海河流域年降水量557.6 mm,比多年均值偏少8.6%;黄河流域604.7 mm,比多年均值偏少4.5%;淮河流域1 023.3 mm,比多年均值偏多21.5%;长江流域936.8 mm,

比多年均值偏多13.9%。

全省17个省辖市和济源示范区(简称市级行政区,其中济源示范区简称济源市)2020年降水量与多年均值相比,偏多的区域主要分布于豫东、豫南及豫西南,其中信阳市偏多41.9%,增幅最大;其次商丘市偏多30.7%,周口市偏多23.1%,驻马店、漯河、南阳3个市偏多20%~10%。降水量偏少的区域主要分布于豫北、豫西及中部,其中鹤壁市偏少19.0%,减幅最大;其次为济源市,偏少11.9%,安阳、三门峡、郑州3个市偏少9.9%~6.8%;降水量基本持平的区域主要为平顶山、焦作2个市。

2020年河南省各市级行政区、流域区年降水量与2019年、多年均值比较详见表10-1,全省历年降水量变化情况见图10-1。

表10-1 2020年河南省年降水量表

行政区/流域区	年降水量/mm	与2019年比较/%	与多年均值比较/%	行政区/流域区	年降水量/mm	与2019年比较/%	与多年均值比较/%
郑州	583.3	21.5	-6.8	南阳	947.4	80.1	14.6
开封	707.3	53.9	7.4	商丘	945.2	79.9	30.7
洛阳	645.0	1.7	-4.4	信阳	1 568.7	135.8	41.9
平顶山	818.7	49.6	0	周口	926.3	99.7	23.1
安阳	536.4	28.4	-9.9	驻马店	1 053.6	104.7	17.5
鹤壁	509.8	25.9	-19.0	济源	588.8	2.1	-11.9
新乡	621.3	63.2	1.6	全省	874.3	65.2	13.4
焦作	590.0	57.2	-0.1	海河	557.6	44.6	-8.6
濮阳	548.5	33.6	-2.4	黄河	604.7	10.6	-4.5
许昌	669.5	29.9	-4.2	淮河	1 023.3	87.6	21.5
漯河	894.0	62.0	15.8	长江	936.8	75.1	13.9
三门峡	610.2	-2.3	-9.7				

二、地表水资源量

2020年全省地表水资源量294.85亿m³,折合径流深178.1 mm,比多年均值304.0亿m³偏少3.0%,比上年度偏多178.7%。

省辖海河流域地表水资源量7.12亿m³,比多年均值偏少56.5%;黄河流域29.50亿m³,比多年均值偏少35.2%;淮河流域210.62亿m³,比多年均值偏多18.1%;长江流域47.61亿m³,比多年均值偏少26.0%。省辖海河流域各水系地表水资源量均比多年均值偏少,其中卫河水系上游山区偏少超过60%;黄河流域、长江流域大部分水系比多年均值偏少,其中黄河流域金堤河天然文岩渠较多年均值偏少50%,长江流域丹江口以上偏少70%左右;淮河流域地表水资源量差别较大,其中王蚌区间南岸比多年均值偏大132.2%,沙颍河上游比多年均值偏少近40%。

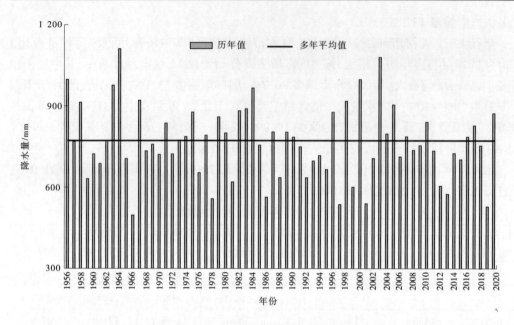

图 10-1　河南省历年降水量变化图

　　全省各市级行政区地表水资源量与多年均值相比,鹤壁市、安阳市偏少60%以上,其中偏少最多的鹤壁市偏少72.6%;郑州、洛阳、新乡、濮阳、三门峡等5个市偏少幅度在30%~50%;平顶山、焦作、许昌、漯河、南阳、周口、驻马店、济源等8个市偏少幅度在30%以内;信阳、开封、商丘等3个市较多年均值明显偏大,其中偏大最多的信阳市偏多55.1%。河南省历年地表水资源量变化情况见图10-2。

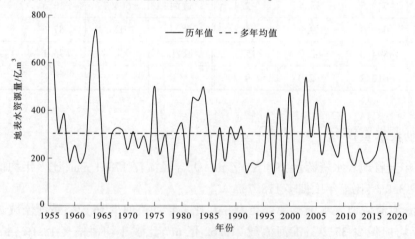

图 10-2　河南省历年地表水资源量变化图

三、地下水资源量

　　2020年全省地下水资源量189.37亿 m³,地下水资源模数平均11.44万 m³/km²。其中,山丘区63.40亿 m³,平原区136.44亿 m³,平原区与山丘区重复计算量10.46亿 m³。

全省地下水资源量比多年均值减少3.4%,比2019年增加58.5%;省辖海河流域、黄河流域、淮河流域、长江流域地下水资源量分别为17.19亿 m³、32.16亿 m³、116.99亿 m³、23.03亿 m³。2020年各市级行政区、省辖流域地下水资源量见表10-2。

表10-2　2020年河南省水资源量与多年均值比较表

行政区/流域区	降水量/亿 m³	地表水资源量/亿 m³	地下水资源量/亿 m³	地表水与地下水资源重复量/亿 m³	水资源总量/亿 m³	水资源总量与多年均值比较/%	产水系数
郑州市	43.94	5.27	5.44	2.12	8.59	-34.8	0.20
开封市	44.29	4.75	7.30	1.47	10.58	-7.8	0.24
洛阳市	98.23	16.92	12.91	10.22	19.61	-31.0	0.20
平顶山市	64.75	11.26	6.24	2.62	14.88	-18.8	0.23
安阳市	39.44	3.24	6.74	1.91	8.07	-38.1	0.20
鹤壁市	10.89	0.60	2.05	0.57	2.08	-43.9	0.19
新乡市	51.25	4.07	9.88	3.58	10.37	-30.3	0.20
焦作市	23.61	3.05	5.08	1.08	7.05	-6.9	0.30
濮阳市	22.97	1.26	5.14	2.29	4.11	-27.4	0.18
许昌市	33.33	3.40	4.78	0.74	7.44	-15.4	0.22
漯河市	24.08	3.06	4.95	0.67	7.34	14.7	0.30
三门峡市	60.64	8.51	7.00	6.47	9.04	-44.2	0.15
南阳市	251.15	47.72	20.63	10.09	58.26	-14.9	0.23
商丘市	101.14	9.28	15.27	0.51	24.04	21.4	0.24
信阳市	296.60	126.73	26.63	20.12	133.24	50.5	0.45
周口市	110.78	11.04	21.25	1.78	30.51	15.3	0.28
驻马店市	159.04	32.99	26.13	8.08	51.04	3.1	0.32
济源市	11.15	1.70	1.95	1.31	2.34	-24.9	0.21
全省	1 447.29	294.85	189.37	75.63	408.59	1.3	0.28
海河流域	85.51	7.12	17.19	5.68	18.63	-32.5	0.22
黄河流域	218.69	29.50	32.16	19.66	42.00	-28.3	0.19
淮河流域	884.44	210.62	116.99	37.92	289.69	17.7	0.33
长江流域	258.65	47.61	23.03	12.37	58.27	-18.3	0.23

四、水资源总量

2020年全省水资源总量为408.59亿 m³,其中地表水资源量294.85亿 m³,地下水资源量 189.37 亿 m³,重复计算量 75.63 亿 m³。水资源总量比多年均值增加 1.3%,比 2019 年增加 141.9%。产水模数为 24.7 万 m³/km²,产水系数为 0.28。

省辖海河、黄河、淮河、长江流域水资源总量分别为 18.63 亿 m³、42.00 亿 m³、289.69 亿 m³、58.27 亿 m³。与多年均值相比,海河流域减少 32.5%,黄河流域减少 28.3%,淮河流域增加 17.7%,长江流域减少 18.3%。

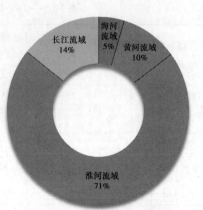

图 10-3 2020 年河南省流域
分区水资源总量组成图

与多年均值比较,大部分市级行政区水资源总量有不同程度减少,其中三门峡市减幅最大达 44.2%,鹤壁、安阳、郑州、洛阳、新乡、濮阳、济源、平顶山、许昌、南阳、开封、焦作等市减幅在 6.9% ~ 43.9%。信阳、商丘、周口、漯河、驻马店等市有不同程度增加,其中信阳市增幅最大达 50.5%,其余增幅在 3.1%~21.4%。

2020 年水资源量详见表 10-2,水资源总量各流域占比见图 10-3,各行政分区水资源总量与多年均值比较见图 10-4。

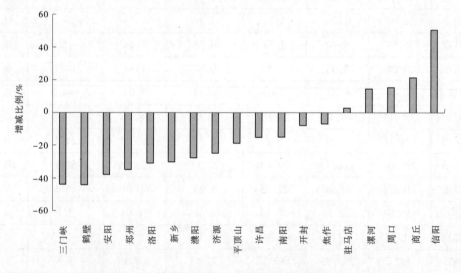

图 10-3 2020 年各行政区水资源总量与多年均值比较图

五、出入境水量

2020 年全省入境水量 521.72 亿 m³。其中,海河流域入境 1.86 亿 m³,黄河流域入境 491.28 亿 m³(干流三门峡以上入境水量 477.96 亿 m³),淮河流域入境 22.18 亿 m³,长江流域入境 6.40 亿 m³。全省出境水量 679.05 亿 m³。其中,海河流域出境 3.52 亿 m³,黄河流域出境 450.80 亿 m³,淮河流域出境 175.94 亿 m³,长江流域出境 48.79 亿 m³。全省 2020 年出境水量比入境水量偏多 157.33 亿 m³。

第二节　蓄水动态

一、大中型水库

2020年全省25座大型水库(不包括小浪底、西霞院、三门峡水库,新增前坪、出山店水库)和104座中型水库年末蓄水总量65.03亿m³,比年初增加27.08亿m³。其中,大型水库蓄水53.47亿m³,比年初增加22.40亿m³;中型水库蓄水11.56亿m³,比年初增加4.68亿m³。四大流域中,海河流域大中型水库年末蓄水总量3.09亿m³,比年初增加0.19亿m³;黄河流域12.61亿m³,比年初增加1.87亿m³;淮河流域36.83亿m³,比年初增加18.29亿m³;长江流域12.50亿m³,比年初增加6.73亿m³。

全省各大型水库2020年年初、年末蓄水情况详见表10-3。

表10-3　全省各大型水库2020年年初、年末蓄水量表　　单位:亿m³

水库名称	蓄水量		年蓄水变量	水库名称	蓄水量		年蓄水变量
	年初	年末			年初	年末	
小南海	0.115	0.180	0.065	板桥	0.965	2.140	1.175
盘石头	1.382	1.062	-0.321	薄山	1.644	1.996	0.352
窄口	0.592	0.923	0.331	石漫滩	0.380	0.696	0.316
陆浑	3.417	4.688	1.271	昭平台	1.303	2.460	1.157
故县	5.020	5.040	0.020	白龟山	2.683	3.123	0.440
河口村	0.818	1.086	0.267	孤石滩	0.301	0.554	0.253
南湾	2.201	5.851	3.650	燕山	1.430	2.254	0.825
石山口	0.268	0.914	0.646	出山店	0.057	1.880	1.823
泼河	0.735	1.153	0.418	白沙	0.114	0.164	0.050
五岳	0.507	0.749	0.242	宋家场	0.329	0.514	0.184
鲇鱼山	1.846	4.506	2.659	鸭河口	3.401	7.972	4.571
宿鸭湖	1.281	1.344	0.063	赵湾	0.275	0.570	0.295
前坪	0.010	1.655	1.646	合计	31.074	53.472	22.398

注:本年度新增淮河流域的前坪、出山店水库纳入统计,全省大型水库由2019年度的23座变更为25座。

二、浅层地下水动态

与上年同期相比,2020年末全省平原区浅层地下水位平均上升0.92 m,地下水储存量增加32.86亿m³。其中,海河流域水位平均上升0.25 m,储存量增加0.99亿m³;黄河流域水位平均下降 0.07 m,储存量减少 0.42 亿 m³;淮河流域水位平均上升 1.14 m,储存量增加 26.48 亿 m³;长江流域区浅层地下水位平均上升 2.33 m,储存量增加 5.81 亿 m³。1980 年以来浅层地下水储存量累计减少 103.23 亿 m³,其中海河流域减少 42.99 亿 m³,黄河流域减少 32.33 亿 m³,淮河流域减少 22.27 亿 m³,长江流域减少 5.64 亿 m³。1980 年以来河南省辖流域浅层地下水储存量变化情况见图 10-5。

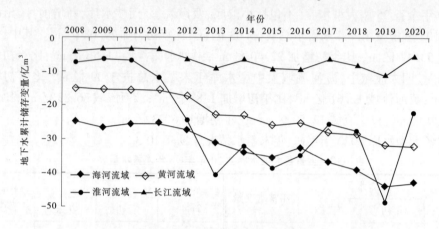

图 10-5　1980 年以来平原区浅层地下水储存量累计变化图

第三节　供用水量

一、供水量

2020 年全省总供水量 237.14 亿 m³,其中地表水源供水量 120.79 亿 m³,占总供水量的 50.9%;地下水源供水量 105.77 亿 m³,占总供水量的 44.6%;集雨及其他非常规水源供水量 10.58 亿 m³,占总供水量的 4.5%。在地表水开发利用中,全省引用入过境水量约 64.16 亿 m³,其中南水北调中线工程引水量 26.42 亿 m³(含南阳、邓州以及引丹灌区引水量),引黄河干流水量 31.40 亿 m³,引沁丹河水量 4.23 亿 m³,引漳河水量 1.11 亿 m³,引史河水量 1.0 亿 m³。全省跨水资源一级区调水 36.77 亿 m³(其中南水北调中线工程调入淮河、黄河、海河流域 17.35 亿 m³)。在地下水源利用中,开采浅层地下水 98.60 亿 m³,深层地下水 7.17 亿 m³。

2020 年省辖海河流域供水量 38.87 亿 m³,占全省总供水量的 16.4%;黄河流域供水量 49.27 亿 m³,占全省总供水量的 20.8%;淮河流域供水量 121.11 亿 m³,占全省的 51.1%;长江流域供水量 27.89 亿 m³,占全省的 11.8%。

以地下水源供水为主的市级行政区有:安阳、鹤壁、焦作、开封、漯河、商丘、周口、驻马店等 8 个市,地下水源占其总供水量的 50% 以上,其中周口市占比最高,达 77.5%。以地表水源供水为主的市级行政区有郑州、洛阳、平顶山、新乡、濮阳、三门峡、南阳、信阳、济源等 9 个市,地表水源占其总供水量的 50% 以上,其中信阳市占比最高,达 90.1%。2020 年河南省供用水量见表 10-4,供水量水源结构见图 10-6。

表 10-4　2020 年河南省供用耗水量表　　　　　　　　单位:亿 m³

行政区/流域区		供水量				用水量					耗水量
		地表水	地下水	其他	合计	农业	工业	生活	生态	合计	
郑州	全市	11.075	5.692	3.970	20.737	3.680	4.393	7.341	5.322	20.737	9.410
	其中巩义	0.524	0.782	0.142	1.447	0.358	0.501	0.462	0.126	1.447	0.721
开封	全市	6.487	8.666	0.397	15.549	8.427	1.593	2.268	3.261	15.549	8.562
	其中兰考	0.953	1.199	0.100	2.252	1.375	0.340	0.246	0.291	2.252	1.241
洛阳		8.385	6.042	0.495	14.922	4.624	4.651	3.323	2.324	14.922	7.854
平顶山	全市	7.714	2.367	0.642	10.722	2.762	2.636	2.114	3.210	10.722	4.552
	其中汝州	0.700	0.785	0.094	1.578	0.729	0.401	0.380	0.069	1.578	0.807
安阳	全市	6.088	8.719	0.230	15.037	9.430	1.318	2.129	2.161	15.037	10.096
	其中滑县	0.934	2.398	0.109	3.440	2.574	0.107	0.335	0.424	3.440	2.564
鹤壁		1.822	2.448	0.098	4.367	2.559	0.553	0.744	0.511	4.367	2.921
新乡	全市	10.196	9.776		19.973	13.259	2.315	2.563	1.836	19.973	13.133
	其中长垣	1.255	0.874		2.128	1.304	0.352	0.333	0.139	2.128	1.394
焦作		5.195	6.173	0.545	11.913	6.890	1.461	1.665	1.898	11.913	6.009
濮阳		8.989	4.210	0.081	13.280	8.322	1.188	1.200	2.570	13.280	7.854
许昌		3.343	4.154	1.596	9.093	3.727	1.230	1.618	2.518	9.093	5.623
漯河		1.482	3.818	0.129	5.429	2.670	1.295	0.874	0.591	5.429	3.253
三门峡		2.363	1.320	0.173	3.856	1.831	0.754	1.037	0.234	3.856	2.261
南阳	全市	17.632	10.372	0.307	28.310	16.532	4.130	4.588	3.060	28.310	15.021
	其中邓州	7.414	0.815	0.016	8.245	6.207	0.363	0.850	0.825	8.245	4.562
商丘	全市	3.472	9.031	0.960	13.463	8.463	1.961	2.494	0.545	13.463	8.776
	其中永城	0.300	1.252	0.469	2.021	0.838	0.570	0.384	0.229	2.021	1.193
信阳	全市	17.610	1.414	0.512	19.536	10.946	1.905	3.635	3.050	19.536	9.129
	其中固始	3.975	0.211	0.030	4.216	2.907	0.205	0.595	0.508	4.216	2.055
周口	全市	4.100	14.494	0.115	18.710	13.019	2.422	2.636	0.632	18.710	12.829
	其中鹿邑	0.107	1.158	0.020	1.285	0.679	0.268	0.293	0.045	1.285	0.784
驻马店	全市	2.971	6.184	0.290	9.445	5.128	1.164	2.442	0.711	9.445	6.126
	其中新蔡	0.109	0.660		0.770	0.481	0.033	0.195	0.061	0.770	0.523
济源		1.865	0.895	0.044	2.804	1.185	0.620	0.450	0.549	2.804	1.513
全省		120.787	105.774	10.584	237.145	123.455	35.590	43.121	34.980	237.145	134.922
海河		18.334	19.755	0.782	38.871	21.553	4.962	5.792	6.563	38.871	23.879
黄河		26.990	21.151	1.131	49.272	27.346	8.278	7.877	5.771	49.272	28.738
淮河		57.847	54.917	8.351	121.115	58.614	18.266	24.754	19.480	121.115	67.516
长江		17.617	9.951	0.320	27.888	15.942	4.083	4.698	3.165	27.888	14.789

注:牲畜用水计入农业用水中。

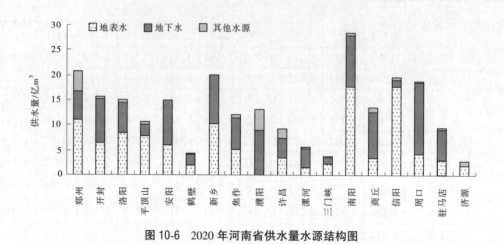

图 10-6　2020 年河南省供水量水源结构图

二、用水量

2020 年全省总用水量 237.14 亿 m³,其中农业用水 123.45 亿 m³(含农田灌溉水量 111.05 亿 m³),占总用水量的 52.0%;工业用水 35.59 亿 m³,占总用水量的 15.0%;生活用水 43.12 亿 m³,占总用水量的 18.2%;生态环境用水 34.98 亿 m³,占总用水量的 14.8%。2020 年全省、省辖流域用水结构见图 10-7。

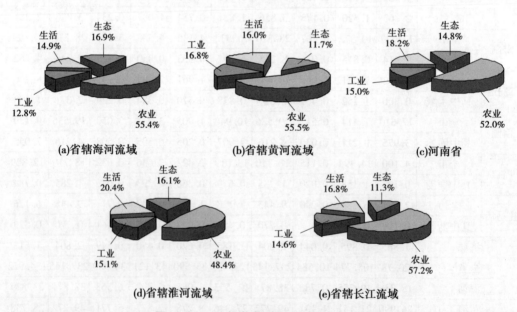

图 10-7　2020 年全省、省辖流域用水结构图

由于水源条件、产业结构、生活水平和经济发展状况的差异,各市级行政区用水量及其结构有所不同。其中:

生活用水占比最大的为郑州市,达到 35.4%;其次为三门峡市,生活用水占比 26.9%;濮阳市生活用水占比最小,为 9.0%。

工业用水占比最大的为洛阳市,达到 31.2%;郑州、平顶山、漯河、济源等 4 个市工业用水占比为 30%~20%;安阳、濮阳、信阳 3 个市工业用水占比不足 10%。

生态环境用水占比最大的为平顶山市,达到 29.9%;郑州、开封、许昌 3 个市生态环境用水占比也大于 20%;周口、商丘 2 市生态环境用水占比不足 5%。

农业用水占比最大的为周口市,达到 69.6%;开封、安阳、鹤壁、新乡、焦作、濮阳、南阳、商丘、信阳、驻马店等市农业用水占比均在 50% 以上;郑州市农业用水占比最小,为 17.7%。

2020 年河南省用水量结构见图 10-8。

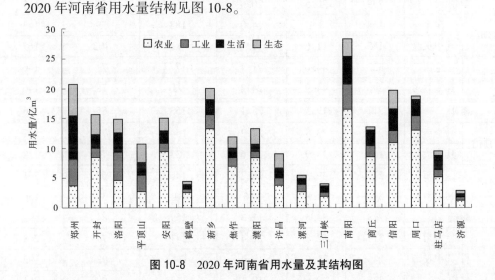

图 10-8　2020 年河南省用水量及其结构图

三、用水消耗量

2020 年全省用水消耗总量 134.92 亿 m³,占总用水量的 56.9%。其中农业用水消耗量占全省用水消耗总量的 64.5%;工业用水消耗 7.6%,生活用水消耗占 13.8%,生态环境用水消耗占 14.1%。

四、用水指标

2020 年全省人均综合用水量为 239 m³;万元 GDP(当年价)用水量为 30.5 m³(注:我省万元 GDP 用水量指一产、二产、三产用水量之和,除以生产总值);农田灌溉亩均用水量 165 m³;万元工业增加值(当年价)用水量 20.0 m³(含火电);城镇综合生活人均用水量 158 L/d(注:自 2018 年起,统计口径调整为:城镇综合生活用水 = 城镇公共用水 + 城镇居民生活用水;以往城镇生活用水指标为大生活用水,含城镇居民生活、服务业、城镇环境),农村居民生活人均用水量 71 L/d。

人均综合用水量:小于 200 m³ 的市级行政区有郑州、三门峡、商丘、驻马店等 4 市,大于 300 m³ 的有濮阳、新乡、焦作、开封、信阳、济源等 6 市,其余 8 市人均综合用水量介于 200~300 m³ 之间。

万元 GDP 用水量:小于 30 m³ 的市级行政区有郑州、洛阳、平顶山、许昌、漯河、三门峡、驻马店、济源等市,大于 50 m³ 的有新乡、濮阳、南阳等市,其余市万元 GDP 用水量介于 30~50 m³ 之间。

2020 年河南省各市级行政区用水指标见表 10-5,全省 2010—2020 年各项用水指标变化情况见图 10-9。

表 10-5 2020 年各行政区用水指标表

行政区		人均综合用水量/m³	万元 GDP用水量/m³	万元工业增加值用水量/m³	城镇综合生活人均用水量/(L/d)	农村居民生活人均用水量/(L/d)	农田灌溉亩均用水量/m³
全省		239	30.5	20.0	158	71	165
郑州	全市	164	8.1	14.0	182	79	143
	其中巩义	145	11.6	11.4	98	102	167
开封	全市	322	44.0	21.4	177	77	146
	其中兰考	290	44.9	24.2	93	78	146
洛阳		211	19.5	25.1	153	85	186
平顶山	全市	215	23.3	28.2	154	73	117
	其中汝州	163	23.9	24.6	133	70	128
安阳	全市	275	49.3	18.7	146	62	201
	其中滑县	319	71.8	9.6	81	37	156
鹤壁		278	33.5	11.3	159	84	192
新乡	全市	319	52.8	22.4	141	74	248
	其中长垣	235	35.0	19.4	74	93	192
焦作		338	40.6	19.1	153	90	261
濮阳		352	58.5	25.4	116	58	228
许昌		207	15.1	7.6	136	61	116
漯河		229	26.3	22.0	137	57	110
三门峡		190	19.7	14.1	197	75	201
南阳	全市	292	55.5	43.3	174	84	218
	其中邓州	626	157.3	36.4	131	143	324
商丘	全市	172	36.4	21.7	115	64	130
	其中永城	162	22.8	24.9	78	74	92
信阳	全市	313	49.0	25.1	223	96	189
	其中固始	396	78.3	20.6	142	97	189
周口	全市	207	48.3	21.7	118	52	134
	其中鹿邑	140	23.3	19.9	97	63	55
驻马店	全市	135	23.9	14.5	147	55	66
	其中新蔡	90	20.4	6.2	80	26	93
济源		385	28.7	16.1	210	83	322

注:万元 GDP 用水量和万元工业增加值用水量均按当年价格计算,且用水含有南阳市直流发电用水。

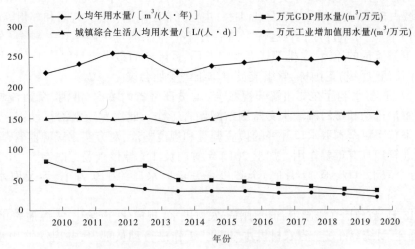

图 10-9　河南省 2010—2020 年主要用水指标变化图

注:本图城镇综合生活人均用水指标采用"公共用水+居民生活用水"统计口径,万元 GDP 用水量和万元工业增加值用水量均按当年价格计算。

第四节　水资源管理

　　1 月 12 日,国家水资源监控能力建设(2016—2018 年)河南省项目通过水利部组织的现场技术评估。水资源监控能力建设项目的实施,为推进全省范围内的取用水在线监测计量积累了经验,为取水许可管理、最严格水资源管理制度实施提供了数据支撑。

　　2 月 12 日,河南省水利厅牵头、有关部门参与,完成了 17 个省辖市和济源示范区 2019 年度实行最严格水资源管理制度考核评分,考核结果作为全省污染防治攻坚战考核的重要内容。

　　5 月 13 日,河南省水利厅办公室印发《关于做好用水统计调查制度实施工作的通知》,在全省范围首次组织实施用水统计调查制度。

　　5 月 19 日,河南省水利厅党组书记刘正才主持召开厅党组(扩大)会议,部署落实习近平总书记在黄河流域生态保护和高质量发展座谈会上的重要讲话精神有关工作,审议全省饮用水地表化试点县初选名单等工作。

　　5 月 20 日,河南省水利厅党组副书记、副厅长(正厅级)王国栋主持召开厅属单位节水机关建设推进会。

　　5 月 28 日,河南省水利厅在郑州召开 2020 年全省水资源管理工作暨节约用水工作座谈会,深入学习贯彻习近平总书记关于治水工作的重要论述,传达贯彻 2020 年全国水利工作会议、水资源管理工作座谈会和全省水利工作会议精神,回顾总结 2019 年全省水资源管理和节水成效,安排部署 2020 年全省水资源管理、节约用水工作。厅党组副书记、副厅长(正厅级)王国栋出席会议并讲话。

　　6 月 17 日,水利部、国家发改委、财政部和自然资源部联合开展 2019 年度南水北调东中线一期工程受水区地下水压采评估工作,同时开展地下水超采综合治理年度任务完成情况评估。河南省提前完成2020年受水区地下水压采总目标。受水区范围内，地下水位上升和稳定的区域占75%，其中水位上升区占41%，主要分布于南阳、漯河、许昌和郑州等市。

7月13日，省水利厅厅长孙运锋主持召开沁河生态流量保障工作专题会，分析研究影响沁河下游流量的原因，安排部署五龙口断面、武陟断面最小流量保障工作。厅党组副书记、副厅长（正厅级）王国栋，党组成员申季维等参加会议。

7月17日，省水利厅在郑州召开视频会，动员部署省内黄河、淮河、海河流域取用水管理专项整治行动和黄河流域水文监测站网调查工作。此次专项整治行动，是实施水资源管理以来首次对全省取水口开展的摸底调查和规范整治，对夯实水资源监管基础、推进水资源精准管理具有重要作用。加上2019年省内长江流域核查登记的5.53万个取水口和0.55万个取水项目，至12月底，全省核查登记取水口约119万个，涉及取水项目约7.19万个。

8月13日，省政府在濮阳市召开河南省农村供水"规模化、市场化、水源地表化、城乡一体化"现场会，对统筹推进全省农村供水"四化"工作进行动员部署，并启动饮用水水源地表化试点工作。省政府副秘书长陈治胜出席会议并讲话，会议由省水利厅厅长孙运锋主持。此次会议召开及试点工作启动，对加快推进全省地下水超采区治理具有重大作用。

8月24日，水利部组织召开"国家水资源监控能力建设（2016—2018年）河南省项目技术评估视频会议"。经质询和讨论，评估专家组同意河南省项目通过技术评估。

9月27—28日，省水利厅在郑州组织召开《河南省沁河控制断面生态流量指标技术复核报告》咨询会。会议听取了报告编制单位河南省水文局的汇报，围绕沁河流域水资源开发利用状况，对沁河生态流量控制指标的合理性、可达性，以及如何进行断面生态流量指标设置和调整展开了探讨。

10月13日，省水利厅、省市场监管局联合举行河南省《农业与农村生活用水定额》《工业与城镇生活用水定额》新闻发布会，国家级和省级30多家媒体进行了报道。此次是河南省第三次对用水定额进行修订。经省政府批准同意，新修订的用水定额于2020年12月2日正式实施。

11月25日，水利部发布第三批节水型社会建设达标县（区）名单，其中河南省有30个县完成达标建设。

12月16日，省水利厅印发《河南省主要河流水量分配和生态流量保障目标确定工作方案》，全面启动全省66条流域面积1 000平方公里以上跨区域主要河流水量分配和生态流量保障目标确定工作，要求2021年底前整体上完成实施方案编制任务。

12月21日，省水利厅联合省工业和信息化厅、省机关事务管理局开展节水载体创建活动，对37家省级节水型企业、87家省级节水型单位、110个省级节水型小区进行命名公示。

12月30日，经省政府同意，省水利厅印发《河南省洪汝河、北汝河、伊洛河生态流量保障实施方案》，明确了三条河流主要控制断面生态流量保障目标和保障措施。此次方案印发，是河南省首次专题确定省内跨区域主要河流生态流量断面保障目标，标志着全省河湖生态流量调度管理进入新阶段。

12月30日，全省水利行业共有11个省辖市水利机关、6个省直管县（市）水利机关、15个厅属单位通过技术评审、现场验收，完成节水机关建设。